国家自然科学基金重点项目（42130802）资助
中国博士后科学基金项目（2021M690916）资助
河南省科技攻关项目（222102320154）资助
河南省博士后科研项目（202002057）资助
安全学科双一流创建课题培育项目（AQ20230710）资助
全国煤炭行业瓦斯地质与瓦斯防治工程研究中心资助
安全工程国家级实验教学示范中心（河南理工大学）资助

煤层气排采过程中煤基质变形特征及储层能量演化机理

▶▶▶▶▶▶▶▶▶ 刘小磊 著

中国矿业大学出版社

·徐州·

内 容 提 要

本书以滇东雨汪区块煤储层为研究对象,在阐明研究区地质背景和煤储层物性的基础上,利用驱替试验对煤层气井不同排采阶段进行了物理模拟。书中系统研究了不同阶段煤基质变形特征与时间、驱替压力、流量、渗透率和流体含量间的联动关系。在此基础上,改进了气体弹性能数学模型,基于煤体受力分析,建立了排采过程中煤基质弹性能相互转化的数学模型。另外,定量计算了排采过程中气体弹性能、煤基质弹性能和煤基质膨胀变形能,分析了排采过程中煤储层能量演化特征及其与各参数间关系的变化规律,揭示了煤储层能量与排采调控参数及煤储层内部参数间的联动关系。

本书可供煤炭和油气高等院校师生及非常规天然气勘探开发技术人员阅读和参考。

图书在版编目(CIP)数据

煤层气排采过程中煤基质变形特征及储层能量演化机理 / 刘小磊著. —徐州:中国矿业大学出版社,
2023.3

ISBN 978-7-5646-5772-7

Ⅰ. ①煤… Ⅱ. ①刘… Ⅲ. ①煤层－地下气化煤气－油气开采 Ⅳ. ①P618.11

中国国家版本馆 CIP 数据核字(2023)第 051390 号

书　　名	煤层气排采过程中煤基质变形特征及储层能量演化机理
著　　者	刘小磊
责任编辑	潘俊成
出版发行	中国矿业大学出版社有限责任公司
	(江苏省徐州市解放南路　邮编 221008)
营销热线	(0516)83884103　83885105
出版服务	(0516)83995789　83884920
网　　址	http://www.cumtp.com　E-mail:cumtpvip@cumtp.com
印　　刷	江苏凤凰数码印务有限公司
开　　本	787 mm×1092 mm　1/16　印张 7.25　字数 185 千字
版次印次	2023 年 3 月第 1 版　2023 年 3 月第 1 次印刷
定　　价	40.00 元

(图书出现印装质量问题,本社负责调换)

前　言

近年来，我国煤炭消费量占能源消费总量的比值虽有所降低，但我国以煤为主的资源特点长期不会改变。煤层气作为与煤共生的非常规清洁能源，严重制约着煤炭开采，煤层气井上和井下抽采在煤炭安全生产中具有重要作用，同时煤层气开发兼具能源、环境和经济等多重效应。

我国煤层气资源丰富，主要集中在鄂尔多斯、沁水和准噶尔等9大含气盆地。煤层气分布特点主要表现为1 000 m以深资源丰富、构造煤发育和高低煤阶比例大等；赋存特点主要表现为赋存条件复杂、含气量较高、非均质性强和渗透率低等。相比煤层气地面抽采技术，煤层气井下抽采技术相对较为成熟，虽然我国地面抽采技术经历了几十年的发展，取得了突破性进展，在沁水盆地和鄂尔多斯盆地东缘均实现了商业性开发，但如何突破"两盆之见"，在现有的基础上不断拓展其他区域，是我国煤层气开发的重点方向之一。目前，我国煤层气开发在西南、东北和西北等地区均取得了局部突破，如何将规模不断扩大，提高煤层气产量是大家关注的焦点。

位于西南的滇东黔西地区的煤层多而薄，目前开发的煤层以晚二叠世的为主。近年来，黔西地区实现了部分突破。该地区煤储层地质条件具有煤层层数多、煤层含气量大、煤层气资源丰度高、煤级变化大、含煤地层垂向变化大、地应力变化大和煤层渗透率变化大等特点。从煤储层特点上可看出，煤层气赋存条件除构造条件外，其他条件均较好且可以和目前的两大煤层气开发基地相比，当务之急是提高该地区煤层气产量。

排采是影响煤层气产量的关键一环，其中，排采制度的制定至关重要。排采过程中煤储层能量在不断发生变化。煤储层能量是流体产出的动力，受多个参数影响。揭示排采过程中煤储层能量的动态变化规律和机理，对煤层气井排采制度优化具有重要意义。笔者以读博期间所发表论文为基础，结合近期的研究不断完善撰成本书。本书围绕煤层气排采过程中煤基质变形特征及储层能量演化机理，借助物理模拟方法，重点阐述了气、水驱替过程中煤基质的变形特征及其与渗透率的关系。在此基础上，改进了前人气体弹性能计算模型，构建了排采过程中煤基质弹性能转变模型。另外，揭示了煤储层基础参数、煤储层能量及排采各阶段之间的内在联系，并结合实际排采数据进行了分析。

本书的撰写及出版得到了国家自然科学基金重点项目（42130802）、中国博士后科学基金项目（2021M690916）、河南省科技攻关项目（222102320154）、河南省博士后科研项目（202002057）、安全学科双一流创建课题培育项目（AQ20230710）、全国煤炭行业瓦斯地质与瓦斯防治工程研究中心和安全工程国家级实验教学示范中心（河南理工大学）等的资助。

本书内容得到了中国矿业大学吴财芳教授的悉心指导。同时，中国地质大学唐书恒教授，中国矿业大学姜波教授、郭英海教授、朱炎铭教授、傅雪海教授和王文峰教授，河南理工大学张小东教授等对本书内容提出了宝贵意见。试验及采样得到了杜明洋博士、周贺博士、韩江博士、蒋秀明博士、房孝杰博士、牛庆合博士、张二超硕士、张霖州硕士和刘帅帅硕士等的帮助。三轴试验和驱替试验得到了中国矿业大学于宗仁老师、侯旭伟硕士以及重庆大学尹光志教授、李铭辉博士、赵宏刚博士、李奇贤博士和陈嘉琪硕士等的大力帮助，在此表示衷心的感谢！本书引用了众多已出版的科技著作和已发表的学术论文，对这些文献的作者表示衷心的感谢！

实际煤储层条件复杂多变，影响煤体变形及煤储层能量的因素较多，难免考虑不周，加之水平有限，书中不足之处，恳请读者批评指正。

著　者

2022 年 8 月

目　　录

1　绪　　论

1.1　研究背景及意义

煤层气作为一种资源丰富的非常规天然气,其开发利用对世界能源供给意义重大(邹才能等,2019),具有资源、环境和安全等多重效应(徐凤银等,2022),我国具有丰富的煤层气资源,前期在沁水盆地南部和鄂尔多斯盆地东缘均取得了商业性开发。从"十三五"开始,我国煤层气开发区域逐渐向滇东黔西等多煤层地区和新疆准噶尔盆地等低煤级地区扩展,同时由原来的单纯煤层气开发逐渐向煤系气开发延伸。虽然我国的煤层气开发在部分地区取得了商业性进展,但仍然面临着成本高、产量低、产气井比例低及高产气井比例更低等现状(李勇等,2020;朱庆忠等,2020;贾慧敏等,2021;孙钦平等,2021)。因此,探究影响煤层气产量的关键因素已成为我国煤层气开发的当务之急。

煤层气开发过程包括钻完井、压裂和排采,排采在后期煤层气开发过程中具有重要作用。排采过程是将压裂液及储层流体(煤层气和水)从煤储层中抽采出来的过程,在此过程中煤基质不断变形变化,同时随气、水的产出煤储层压力降低,水压和气压处于不断变化之中,从而导致煤基质变形以及煤储层能量的动态变化。排采过程蕴含的实质是储层能量的动态变化过程,探究排采过程中煤基质的变形规律及煤储层能量的演化特征,对从本质上揭示影响煤层气产量的关键因素具有重要理论意义和实践意义。前人关于煤基质变形的研究多针对气体吸附解吸过程,且系统研究气、水及其相关参数动态变化的成果较少。针对煤储层能量的研究成果主要集中在煤层气成藏过程及机理(吴财芳,2004)、煤层气地质选区评价两个方面(吴财芳等,2012),分别提出了基于煤储层能量系统的煤层气成藏动力学及其地质选择过程理论和煤层气勘探开发有利区优选方法体系,认为煤储层弹性能由煤基质弹性能、水体弹性能和气体弹性能组成,研究成果在沁水盆地、鄂尔多斯盆地和黔西织纳煤田均取得了成功应用。但在煤层气开发过程中,特别是排采过程中煤储层能量变化规律的研究鲜有涉及。

鉴于此,本书以滇东老厂矿区雨汪区块煤储层为研究对象,利用驱替试验模拟煤层气井不同排采阶段,在研究排采过程中煤基质变形规律的基础上,基于前人关于煤储层能量的研究思路,揭示煤层气排采过程中煤储层能量的动态变化规律和机理,阐明其对煤层气井产量的控制作用,以期为煤层气井排采制度优化提供理论依据。

1.2　国内外研究现状

煤层气主要以吸附态赋存于煤储层中,游离态和溶解态较少。水不但在煤基质表面吸附,还充填于煤体孔裂隙中。开发过程是气、水吸附解吸的过程,只是解吸速率大于吸附速率。由于煤储层低孔低渗的特点,开发过程中需要对其进行压裂改造。压裂之后,煤储层一般不能立即产气,需通过一段时间的排水降低储层压力,促进煤层气解吸产出(Meng et al.,2022),即水对煤层气的扩散、运移和产出具有一定的阻碍作用(Si et al.,2021)。煤储层中气、水产出难易程度主要受渗透率影响,渗透率除受先期地质条件影响外,后期的排采对渗透率动态变化具有关键作用。在煤层气排采产出过程中,从不同方面可将其划分为多个阶段,各阶段均有自身特点,但不外乎聚焦于气或水两方面,无论是气或水,它们的注入或产出均会对煤储层特性产生影响,如孔隙度、渗透率、力学特性和分子结构等(Ranathunga et al.,2016;曾泉树等,2020;曹明亮等,2021),这些煤储层特性的变化反过来影响气、水的注入或产出。煤储层中气、水产出的根本动力是煤储层能量,排采过程中煤储层压力降低,气、水所具有的能量不断释放,煤基质弹性能随之变化,从而带动其他相关参数变化。整个过程煤储层各参数之间互相关联,相互影响,密不可分。

1.2.1 煤储层的吸附性及吸附变形研究

煤储层与常规储层的不同之处在于其对气体的吸附性,且煤储层对气体的吸附解吸具有可逆性。前人对此进行了大量研究,所用气体主要是二氧化碳、甲烷和氮气,三者均能在煤基质表面吸附,吸附能力依次降低。描述这种吸附性的模型目前主要有朗缪尔模型、BET(吸附比表面测试)模型和D-R(实体关系)模型等。气体在煤基质表面的吸附解吸受煤级、煤岩显微组分、工业组分、粒度、温度和压力等诸多方面的影响(Guan et al.,2018;Zhao et al.,2019;Zhu et al.,2021;Xu et al.,2021)。

通常认为,在一定范围内,随煤级升高,煤体吸附能力呈现先降低后升高的趋势;显微组分中镜质组对气体的吸附能力最强,壳质组最弱;工业组分中,灰分产率和水分越高,煤体的吸附能力越低;在压力不变的条件下,随温度升高,煤体吸附能力降低;当温度一定时,随煤储层压力升高,煤体吸附能力提高(Perera et al.,2012;朱苏阳等,2017;陈宇龙等,2018)。此外,不同煤体结构的煤吸附能力不同,通常煤体结构越破碎,吸附能力越高,但随温压升高,差别越来越小(Pan et al.,2012;康志勤等,2018)。由于煤储层对气体的吸附过程与解吸过程是一对可逆过程,影响吸附的主要因素同样会影响解吸,煤体吸附能力越强,越不容易解吸,反之亦然。

煤基质吸附膨胀研究最早见于高挥发分烟煤和无烟煤吸附甲烷和二氧化碳后的膨胀量研究(Briggs et al.,1934),此后众多学者对煤基质吸附膨胀变化规律进行了探讨(Moffat et al.,1955;林柏泉等,1986;傅雪海等,2002;Ottiger et al.,2008)。早期研究所用气体压力较低,认识结果存在局限,认为煤基质吸附膨胀量与压力呈线性关系(Briggs et al.,1934;Harpalani et al.,1990)。随着后期研究的深入和试验压力的增大,对吸附膨胀量的认识更为全面,大部分学者认为煤基质吸附膨胀量随压力变化符合朗缪尔规律(Levine,1996;傅雪海等,2002;Cui et al.,2007)。在同一平衡压力条件下,煤基质变形率随时间的变化先快后慢,体应变随瓦斯压力和瓦斯含量均呈线性变化趋势(刘延保等,2010;Meng et al.,2018)。

煤基质具有非均质性,同样,煤基质吸附膨胀也具有非均质性,多数试验结果表明,垂直层理方向的吸附膨胀量大于平行层理方向的吸附膨胀量(Briggs et al.,1934;Day et al.,2010),但存在例外情况(林柏泉等,1986;Bergen et al.,2009)。对于吸附膨胀的可逆性研究,不同学者所持观点各异,部分学者认为煤基质在吸附膨胀后不具有可逆性(Majewska et al.,2007;Bergen et al.,2009);有的学者认为煤基质的吸附膨胀具有可逆性(Cui et al.,2007)。煤基质吸附膨胀量还受气体类型的影响,通常认为二氧化碳、甲烷和氮气的最大吸附膨胀量依次降低,但对整体变化规律影响不大(Durucan et al.,2009;Day et al.,2010)。

在以上研究中,大部分采用干燥样且没有围压。水的存在往往会降低甲烷或二氧化碳的吸附膨胀量(Wang et al.,2011)。通过对比肥煤干燥样和注水样吸附二氧化碳后的膨胀量以及在常温常压下利用不同煤级煤样在不同湿度条件下的试验结果均发现,平行层理方向煤基质膨胀量较大(张小东等,2009;Fry et al.,2009);随含水率增大体积应变量减小(张小东等,2009),吸附水体积和孔隙空间呈正比,干燥后,煤样的变形恢复至原状(Fry et al.,2009)。水的存在会降低气体吸附诱发的煤基质膨胀量,对不同煤阶煤的吸附膨胀影响程度不同,煤级降低,影响作用增强。利用三轴设备研究软煤和硬煤煤样对二氧化碳和甲烷的吸附变形特征时发现,在三轴应力下,煤样变形量随吸附量的增加而增大,煤样吸附变形过程可分为快速变形阶段、缓慢变形发展阶段和变形稳定阶段(陈结等,2018)。

基于煤基质吸附膨胀规律,前人建立了煤基质吸附膨胀模型。从煤表面自由能的变化角度,同时考虑煤基质压缩作用,利用等温吸附数据、孔隙度和力学参数等建立了煤基质吸附膨胀模型(Pan et al.,2007)。部分学者从热力学和能量角度,得出了煤体吸附量与变形率的量化模型,并利用试验数据进行了验证(周军平等,2011)。

前人对煤吸附气体膨胀变形进行了大量研究,同样,水在煤基质表面也存在吸附作用,而针对水在煤基质表面的吸附膨胀变形研究相对较少,气体在煤基质表面的吸附膨胀规律一部分也适用于水在煤基质表面的吸附膨胀。研究静态条件下水蒸气在煤表面的吸附变形特征发现,水在煤基质表面的吸附主要为多分子层吸附,并根据能量守恒原理,通过扩展气体在煤基质表面的吸附膨胀模型可建立水在煤基质表面的吸附膨胀模型(Pan,2012)。在外加应力条件下,研究水在煤基质表面的吸附膨胀作用时认为,外加应力能够降低煤的吸附能力和吸附膨胀量,其原因主要有两个方面,一是吸附量降低导致吸附膨胀量降低,二是孔裂隙闭合使吸附膨胀量降低(Liu et al.,2018)。气和水在煤基质表面的吸附,不仅产生膨胀变形,还会对煤体的渗透率和物性参数产生较大影响(Zhang et al.,2018;Talapatra et al.,2020;Wei et al.,2022)。

1.2.2 煤储层渗透性研究

煤体吸附的气、水在解吸之后,需通过煤体中孔裂隙运移产出,这一过程与煤储层的渗透性密切相关,其优劣以渗透率表征。由于我国多数煤储层在地质历史中遭受了较为剧烈的构造运动,渗透率普遍偏低,低孔低渗是我国煤储层的典型特征(Lu et al.,2021)。在煤层气开发过程中,能否有效提高煤储层渗透率是煤层气开发成功与否的关键(Tan et al.,2018)。

渗透率的变化对煤层气产出具有关键控制作用,其主要受煤体应变、有效应力和孔隙压力等因素共同影响(彭守建等,2020;曾泉树等,2020;刘顺喜等,2022;刘亮亮等,2022;刘大锰等,2022)。煤储层渗透率及其变化规律受多种因素影响,国内外学者对此进行了大量研究,主要有现场测试和室内试验两种方法,受现场测试的难度和局限性限制,对渗透率的研究以室内测试及理论推导居多(Shi et al.,2019)。与渗透率最密切的起决定性作用的因素就是煤中裂隙的发育特征,主要包括裂隙的尺寸、连通性和矿物充填情况等(Laubach et al.,1998);此外,煤储层渗透率及其变化还与地质构造、地应力、埋深和煤体结构等关系密切(康永尚等,2017;Zhao et al.,2019;Zhang et al.,2020)。煤层气排采过程中,有效应力、煤基质收缩和滑脱效应均对煤储层渗透率有影响。孔隙压力对煤层气产出具有多重作用(Liu et al.,2017;Liu et al.,2020),不同学者得出的结论不同,有研究认为,在围压一定的条件下,孔隙压力增大,渗透率增大(Tan et al.,2018);也有研究认为在围压一定的条件下,孔隙压力增大可促进煤体吸附应变,可导致渗透率降低或先降低后升高(Mazumder et al.,2008;Wang et al.,2011;Li et al.,2020)。由此可说明,在不同条件和不同阶段,孔隙压力主导作用可能不同,与煤体应变相关。

煤储层对应力非常敏感,室内试验和现场测试均表明,煤储层渗透率随有效应力增加呈下降趋势(Chen et al.,2018;Li et al.,2019)。目前认为,渗透率随有效应力的变化符合负指数规律,特别是对高煤级低渗储层,这反映了我国煤层气排采过程中有效应力对渗透率影响的主导地位。

在煤层气排采过程中,当储层压力降低至临界解吸压力时,煤层气开始解吸,产生煤基质收缩效应,进而增加煤储层渗透率。在煤基质收缩膨胀研究对煤储层渗透率的影响方面,国内外学者进行了大量研究,多与有效应力作用综合考虑(Guo et al.,2014;Zhi et al.,2016)。根据煤基质对煤层气吸附解吸的可逆性,可利用吸附膨胀量来获取煤基质收缩量,再根据渗透率、孔隙度和体积应变间的关系,可得出煤基质收缩量与渗透率的关系(张先敏等,2008;Connell et al.,2010;裴柏林等,2017)。

在煤层气井排采过程中,煤储层渗透率随有效应力和煤基质收缩动态变化。排采前期有效应力对煤储层渗透率的负效应占主导地位;排采后期煤基质收缩对煤储层渗透率的正效应占主导地位,最终表现为两者的综合作用(Gray,1987)。针对有效应力和煤基质收缩对渗透率的影响,学者们提出了诸多模型,大致可分为指数关系模型、乘幂关系模型和多项式关系模型(彭守建等,2009;孟召平等,2012;许江等,2013;Connell,2016;陈世达等,2017;Miao et al.,2018)。在上述研究过程中,大多数假设煤基质为均质体,部分学者对煤样的非均质性进行了研究,认为不考虑非均质性将产生较大误差(Wang et al.,2018),特别是在实验室测试过程中,不同煤样之间渗透率可能相差较大。

在渗透率测试过程中,气测渗透率和液测渗透率往往不同,气测渗透率一般要高于液测渗透率,渗透率越低,这种现象越明显,主要原因是气体滑脱效应,即克林肯贝格效应(肖晓春等,2010;巢志明等,2017)。该效应指气体在介质孔道中流动时,靠近孔道壁表面的分子流速与孔道中心的分子流速差别不大的现象。该效应主要体现在低渗和特低渗储层,主要受气体组分、束缚水饱和度和温度等因素的影响(肖晓春等,2010;章星等,2012;Meng et al.,2015)。当煤储层渗透率和储层压力较高时,该效应可忽略不计(罗瑞兰等,2007;彭守建等,2012)。

通过研究煤层气排采过程中储层渗透率的影响因素,前人利用试验并结合相关理论推导,构建了较多的预测模型,可概括为数理推导、试验拟合和经验公式三大类(Gray,1987;Shi et al.,2005;张崇崇等,2015;吕玉民等,2016)。

1.2.3　气和水对煤储层特性的影响研究

煤储层中流体类型、流体压力和流体含量的变化均会引起孔隙压力、储层渗透率和应力应变等的变化。利用型煤模拟研究瓦斯抽采过程中气体压力、煤体应变量和渗透率的变化,可以发现,时间上,气体压力在初始阶段快速降低,后期缓慢降低;应变量初始阶段快速增加,后期缓慢增加;渗透率在初始阶段快速降低,后期逐渐恢复。空间上,气体压力在抽采孔附近降低较快(Chen et al.,2017)。气体类型不同,煤岩强度变化不一致,二氧化碳能够降低煤体强度和弹性模量,提高煤体韧性,而氮气能够提高煤体强度和弹性模量,降低煤体韧性(Perera et al.,2011;Vishal et al.,2015)。

研究成果表明,随气体压力增大,煤体内部裂缝不断扩展,煤体孔隙度增大,最终会在煤体中形成裂隙群。气体在裂隙中的运移,使煤体损伤程度进一步增大,煤体强度降低,轴向应变增加,弹性模量降低(谢雄刚等,2010;Peng et al.,2012;Xue et al.,2017);同时,气体吸附量随气体压力增大而增大,煤体膨胀变形增加,孔渗降低,气体压力对煤体孔渗的正效应大于煤体吸附气体膨胀导致孔渗降低的负效应,综合作用使煤体渗透率随气体压力增大而增大(尹光志等,2010)。随气体含量增加,煤体强度降低,吸附气导致了煤体表面自由能的降低,游离态气体会使裂隙增多和提高其延展的概率(Xue et al.,2017)。

水贯穿煤层气开发整个过程,对煤储层的物性及煤层气解吸和运移产出具有重要影响(Liu et al.,2022),特别是在煤层气运移产出过程。试验研究中通常是对煤样进行注水,注水后,煤体力学性质(强度、弹性模量和泊松比等)发生改变(Kang et al.,2022),含水饱和度增大,煤体结构发生改变,抗压强度降低(Zhang et al.,2018;Wang et al.,2018;Zhang et al.,2019)。煤体饱水后,弹性和强度随之降低,塑性随之增大;同时,煤体内的水还对气体压力分布有影响,能够抑制气体解吸速度(Xiao et al.,2011;Chen et al.,2015;李志刚等,2017)。含水饱和度越高,气体流量增加得越小(张民波等,2017);气体压力越大,吸附平衡压力越大,抑制作用越小(赵东等,2011)。

通过对干燥煤样和含水煤样力学参数变化规律的研究发现,两者变形模量前期具有不同的特征,干燥煤样前期先降低,含水煤样前期先升高,后期两者变化规律抑制,均先稳定后降低;在稳定阶段,干燥煤样的变形模量大于含水煤样的,并且变形模量由稳定阶段过渡到再次下降阶段所对应的轴向应变点随含水饱和度的增加逐渐降低,这表明含水饱和度越高,越容易进入屈服破坏阶段。整个过程中泊松比具有降低-升高-稳定的变化特征(张民波等,2017)。

1.2.4　煤层气排采阶段煤储层参数动态变化研究

对不同的煤储层,煤层气产出经历的排采阶段不同,当原始储层压力低于临界解吸压力时,煤层气产出初始阶段即气水两相流;当煤储层中几乎不含水时,初始阶段就是单向气流阶段(汤达祯等,2016)。但我国的煤层气藏多为非饱和煤层气藏,且大多储层中均或多或少含水。煤层气阶段的划分大体一致但又有不同,部分学者根据渗流特点将其划分为单向流阶段、非饱和流阶段和气水两相流阶段(傅雪海等,2007);有的学者将其划分为饱和单向水流阶段、非饱和单向水流阶段、气水两相流阶段和气体单向流阶段(倪小明等,2010);另有学者根据气、水产出特点将其划分为单相水流阶段、气水两相流阶段、稳定产气阶段和产气衰减阶段(Li et al.,2016)。根据产气特点,可分为排水阶段、不稳定产气阶段、稳定产气阶段和产气衰竭阶段(Tang et al.,2015)。排采阶段划分的关键是节点的确定,只有准确确定出各排采阶段的节点,划分才具有实际意义(Tang et al.,2015)。

一般而言,当储层压力高于临界解吸压力时,排采的初始阶段为单相水流阶段,单相水流阶段长短不一,微弱的欠饱和特征将会大大延长排水期,长的可达几年;当储层压力达到临界解吸压力后,吸附态气体不断从煤基质表面解吸,逐渐进入气水两相流阶段,井筒中开始产出煤层气,在该阶段气体产量不断增加,水产量逐渐降低;进入稳定产气阶段,产水量非常少,气体产量基本稳定(Li et al.,2016;汤达祯等,2016)。

在煤层气排采过程中,水和气依次产出,煤储层中的水对气体产出影响较大,水的存在降低了气体在煤基质表面的吸附能力和气体的运移能力(Chen et al.,2018;Fan et al.,2018;Kang et al.,2022),但其存在又降低了煤储层有效应力;同时,水的产出能够促进气体解吸,不单单是降低煤储层压力,水的吸附同样能够使煤基质产生膨胀(Thararoop et al.,2015;李瑞等,2022),其产出能促进煤基质的收缩。在排采前期水产出过程中,排采速率的控制至关重要,合理的排采速率能够使压降漏斗充分扩展,促进煤层气解吸,能够使煤储层压力降低的储层水才是有效水,不能使储层压力降低的储层水为无效水(Zou et al.,2014)。研究成果表明,由于气、水界面张力和毛细管力的作用,气水两相流和气体单向流对压降传递具有负效应,在气体产出阶段,煤储层压力下降很快,不利于压降的传递,因此,排采速率过快会导致应力敏感,过早进入气水两相流阶段,最终影响产量(Li et al.,2016;Xu et al.,2017)。在煤层气开发过程中,压降的变化不但影响着煤层气的解吸,而且影响着有效应力的变化,随着气、水的产出,煤体发生基质收缩效应(Liu et al.,2014;Thararoop et al.,2015;Meng et al.,2022),有效应力和煤基质收缩的综合作用使煤储层孔渗和煤储层压力处于动态变化之中(Chen et al.,2015;Zou et al.,2018)。在单相水流阶段,水相相对渗透率最大,煤储层以有效应力作用为主;进入非饱和单相水流阶段,水相相对渗透率逐渐下降,煤储层仍以有效应力作用为主,煤基质收缩效应逐渐显现,渗透率随之改善;随煤层气的产出,气相相对渗透率逐渐提高,煤基质收缩效应逐渐占据主导地位,并伴随气体滑脱效应,有效应力作用相对减弱,储层渗透率开始明显回升(汤达祯等,2016)。

在煤层气产出过程中,产生以上变化的主要原因是储层压力的变化,储层压力的变化包括空间和时间维度,它是气压和水压的共同作用,在不同的排采阶段,两者具有不同的变化规律。在单向水流阶段主要是水压的传递,稳定产气阶段主要是气压传递,气水两相流阶段是水压和气压的同时传递(Li et al.,2016)。根据煤储层渗透率的不同,可将煤层气储层划分为气压型(低渗)、水压型(高渗)和混合型(中渗)。其中,气压型煤储层压力只在井筒周围很小的范围内传递,产气量很低;水压型煤储层压力能够进一步传递但非常缓慢,产量依然很低;混合型储层压力在整个区域可以适当传递,有利于地面煤层气开发(Zou et al.,2013)。

1.2.5 煤储层能量系统研究

能量是物理反应的本质特征,是物质变化的本质(康向涛等,2015)。储存在煤层中的能量表现为地层弹性势能(煤储层弹性能),由煤基块弹性能、水体弹性能和气体弹性能组成(Wu et al.,2007)。煤储层中能量的变化贯穿于煤层气开发的整个过程,因此从能量系统这一新的视角可研究并揭示煤层气开发过程中的各种动态变化规律,能够从本质上阐明煤层气生产过程中的各种表观现象(赵忠虎等,2008;赵毅鑫等,2015)。

对煤储层中能量变化的研究,前人主要涉及瓦斯突出机理(谢雄刚等,2010;王刚等,2015;Wang et al.,2021)、煤岩加卸载过程中煤岩体的变形破坏(Gu et al.,2019;Ma et al.,2021;Pan et al.,2021)、水力压裂裂缝延展过程(Golshani et al.,2009;Boroumand et al.,2015)和煤层气成藏动力学过程及机理、煤层气地质选区和开发(吴财芳等,2005;Wu et al.,2007;Zhou et al.,2020;肖宇航等,2021)等多个方面。煤与瓦斯突出、煤岩加卸载试验和煤层气成藏等方面能量变化研究与煤层气排采过程中能量变化均有相似之处,下面对这三个方面进行简要介绍。

(1) 煤与瓦斯突出方面的煤储层能量研究

前人依据能量守恒原理研究了煤与瓦斯突出机理。苏联学者霍多特基于弹性力学的原理提出了煤与瓦斯突出的能量机理假说,给出了判断煤与瓦斯突出的能量条件(霍多特,1966)。利用热力学理论,有的学者研究得出了单位煤体瓦斯压力变化产生的瓦斯膨胀能(周世宁等,1999),有的学者将煤基质弹性变形能以弹性变形能密度(弹性能)的形式进行了描述,并提出了根据三轴应力及弹性模量和泊松比计算煤基质弹性能的公式(鲜学福等,2001)。煤基质弹性能包括轴向和环向两部分,但环向相对于轴向来说很小,可忽略不计(康向涛等,2015);通过径向应变与轴向应力的积分可得到煤基质径向弹性能,通过体积应变与轴向应力的积分可得到煤基质体积弹性能(肖福坤等,2016)。

前人对煤与瓦斯突出过程的研究主要集中于能量耗散及其演化过程(熊阳涛,2015;Wang et al.,2018),将其分为能量积聚、释放、转化和再平衡,认为煤基质弹性潜能和瓦斯膨胀能是突出能量的主要来源,突出过程中以煤体破碎功和抛出功的形式释放(李尧斌,2013;王刚等,2015;Jin et al.,2018),且瓦斯膨胀能远远大于煤基质弹性能,是突出的主要能量源(王刚等,2011;王汉鹏等,2017;Wang et al.,2018)。瓦斯含量是瓦斯膨胀能的直接反应,瓦斯膨胀能与瓦斯压力呈正比例关系(王刚等,2011;Wang et al.,2018),并与煤层瓦斯压力和透气性系数等相关(于宝海和王德明,2013)。地应力能够使煤储层变形,与煤储层能量关系密切,主要包括弹性能和塑性能,对突出起主要作用的是弹性能(鲜学福等,2001;鲜学福等,2009),可通过单轴和三轴状态下的应力应变规律分析煤体的弹性能(Hobbs,1960)。

(2) 煤岩加卸载试验方面的煤储层能量研究

煤岩的加卸载试验在煤与瓦斯突出和煤体冲击倾向性等多方面均有应用,但集中于对煤岩体自身能量变化的研究;主要是根据煤岩体力学试验中的应力-应变关系曲线,分析煤体力学参数的变化及弹性能和耗散能的变化(鲜学福等,2001;康向涛等,2015;Xue et al.,2017)。

前人利用煤岩体的单轴力学试验,研究了变形中压密阶段、弹性阶段、稳定破裂发展阶段、不稳定破裂发展阶段和应变软化阶段的特点(赵忠虎等,2008)。其中,前两个阶段主要是外部输入的能量转化为煤体的弹性能,在稳定破裂发展阶段外部输入的能量逐渐转化为弹性能、表面能和耗散能等形式的能量,但仍以弹性能为主;之后弹性能存储量降低,辐射能和表面能等增强,耗散能占比增大,最后微裂缝转化为宏观裂缝,从而使岩石整体破坏,存储的弹性能转化成动能和表面能等(赵忠虎等,2008)。研究认为,在含瓦斯煤岩体三轴压缩应力-应变过程中,塑性变形前,煤样吸收总能量中弹性能所占比值较大,耗散能相对较小;塑性变形过程中,弹性能占比逐渐降低,耗散能占比开始增加;应力达到煤样破裂压力后,存储在煤样中的弹性能瞬间释放,煤样中弹性能迅速降低,耗散能快速增大。整个过程是煤样中能量不断积聚和耗散的过程(康向涛等,2015)。

总之,煤岩体的变形过程均表现为弹性能的快速积累阶段和后期的快速释放阶段。同时,弹性模量、泊松比及与其相关的弹性能和耗散能的变化还与三向主应力、瓦斯压力和含水饱和度相关,随主应力、瓦斯压力和含水饱和度的变化而呈现出不同的变化规律。其中,弹性模量随主应力差的增大而逐渐减小,减小幅度随主应力差的增大而增大,随气体压力的增大而减小,随围压的增大而增加;泊松比随主应力差的增大而增大,增大幅度随主应力差的增大而增大,随气体压力的增大而增大,随围压的增大而减小;煤体储存的能量随围压的增大而增大,煤样破坏时释放的弹性能和耗散能较多。因此,煤体存储的弹性能随围压的增加而增大,在煤体破坏过程中以耗散能的形式释放(鲜学福等,2001;康向涛等,2015;马振乾等,2016)。

煤样的抗压强度随瓦斯压力的增大而降低,这主要是因为瓦斯压力增大,导致煤样吸附膨胀变形增加,煤样内部作用力降低,耗散能增大(康向涛等,2015;Liu et al.,2017);同时,煤体骨架能够承受的载荷降低,储存的弹性能降低,容易形成较破碎的煤体(康向涛等,2015)。另外,含瓦斯煤体的纵横向变形随气体压力和围压的变化而有规律性地变化,不同气体类型所产生的宏观力学性质差异较小(鲜学福等,2001)。

煤体中的水能够增加塑性变形,使煤体弹性能缓慢释放。含水煤样的弹性能及耗散能的变化与含瓦斯煤样的变化趋势相似。随含水量的升高,煤样屈服破坏前,煤体内储层的弹性能降低;进入屈服破坏阶段,煤体弹性能释放速度较慢,耗散能逐渐增加(张民波等,2017)。在研究抗拉强度对煤样耗散能的影响过程中发现,饱和水煤样的抗拉强度小于自然煤样的,抗拉强度越高,煤样劈裂破坏所需要的能量就越多,耗散能越少(张辉等,2016)。

(3)煤层气成藏方面的煤储层能量研究

封闭煤储层的弹性能主要体现在气、液、固三者弹性能的综合作用(吴财芳等,2005)。根据煤基质弹性能、气体弹性能和水体弹性能三大能量形式,部分学者研究了煤储层弹性能在不同地质历史时期的变化规律及其对煤层气成藏的控制作用(吴财芳等,2007;Wu et al.,2007),建立了煤层气成藏效应的三元判识标志,提出了煤层气有利区优选的动力学方法体系(吴财芳等,2012;Wu et al.,2014)。煤基质弹性能主要与煤体弹性模量、泊松比和三向主应力有关(Wu et al.,2007;Ma et al.,2021);气体弹性能分为游离气弹性能和吸附气弹性能,主要与气体的压力变化、温度变化、膨胀系数和压缩系数等有关;水体弹性能主要与温压变化及膨胀系数和压缩系数相关。研究表明,相比煤基质弹性能和气体弹性能,低压下储层中的水体弹性能非常小,可以忽略不计(吴财芳,2004)。此外,通过不同状态煤样的三轴力学试验发现,自然煤样的弹性模量大于饱和气或水煤样,泊松比变化趋势相反,说明气、水饱和煤样的径向应变能力较强(吴财芳,2004)。

从以上研究成果中可看出,煤储层能量主要与其所受地应力、在地应力作用下产生的应变、煤储层力学参数(包括抗压强度、抗拉强度、断裂韧度、弹性模量和泊松比等)和流体性质及压力大小密切相关。煤基质具有的弹性能主要和自身的力学参数相关,储层中流体的弹性能主要和流体的性质及压力有关。同时,在煤层气开采过程中,这些储层参数又控制着气、水产出和煤储层孔渗特征等。因此,通过煤储层能量系统这一新的视角,研究和揭示煤层气井排采效果及工艺优化技术,具有重要的理论意义和实践意义。

1.2.6 现存问题

煤储层能量是煤储层参数的实质所在,是控制煤层气井产气效果的核心,排采制度只是控制煤储层能量变化的手段和技术,合理的排采制度能够最大限度地引导或诱导煤层气井产生正向变化。煤储层参数则是煤储层能量的重要表征,反映了各阶段煤储层能量的变化特征,不仅是煤储层能量计算的重要依据,也是排采制度需要控制的关键量化指标。排采制度可以通过调控煤储层关键参数实现合理调控煤储层能量的目的,在此过程中煤储层能量变化又会对煤储层参数产生影响。因此,煤储层能量是实质和核心,煤储层参数是现象和表征,排采工艺是手段和技术,三者之间既相互作用、密切相关,又相互联动,一变皆变。要实现排采制度的正确制定和合理优化,必须抓住排采过程中煤储层能量的动态作用机制这一关键科学问题,阐明其动态变化对煤储层参数的控制规律。结合前述的国内外研究现状分析认为,在煤储层能量对煤层气井排采工程的控制方面还存在如下需要进一步研究和探讨的问题:

① 煤层气排采过程中,煤储层能量的变化关键取决于煤基质弹性能的变化,煤基质弹性能的变化与煤储层的力学参数(弹性模量和泊松比)和应力状态密切相关。力学参数主要受气、水含量影响,而排采过程中,气、水含量又处于不断变化之中。气、水含量的变化会引起煤基质的收缩膨胀,进而引起煤储层参数变化,最终造成煤储层能量的变化。从中可以看出,气、水含量变化最直接的表现形式就是煤基质的收缩膨胀,那么,煤层气排采过程中,在三向应力作用下,随气、水含量的不断变化,煤基质变形规律如何? 与此同时,煤基质变形带动的其他相关参数的变化规律如何?

② 前人建立的煤储层能量计算模型分别针对煤与瓦斯突出、煤岩加卸载试验和煤层气成藏与选区等方面。在煤层气排采中,这些计算模型是否适用? 是否需要构建更适合的煤基质弹性能数学模型?

③ 煤层气井整个排采过程是在外部干扰作用下(排采制度),水、气和煤基质弹性能的协同动态变化过程,水体弹性能在低压下可忽略不计。那么,煤基质弹性能和气体弹性能的变化规律如何? 它们与煤储层参数间具有怎样的联动关系?

1.3 研究内容及方案

1.3.1 研究思路与目标

针对存在问题,本书以滇东老厂矿区雨汪区块为研究对象,综合运用煤层气地质学、流体渗流力学和弹性力学等理论与方法,围绕"煤层气井排采过程中煤储层能量变化机制"这一核心科学问题,结合物理模拟试验,以煤基质变形规律为切入点,在揭示煤储层能量(煤基质弹性能和气体弹性能等)变化规律的基础上,阐明煤储层能量对煤储层孔渗变化的控制作用,从而为煤层气井排采制度优化提供科学依据和理论支撑。

1.3.2　研究内容

（1）雨汪区块地质背景及煤储层物性特征

分析研究区构造、沉积和水文地质背景，通过现场调研，确定煤样采集层位；根据实验室测试结果，结合目标区块煤田地质资料和煤层气井资料，查明目标煤储层煤岩煤质特征、工业组分特征、吸附特征和孔渗特征等，为后续物理模拟提供基础参数。

（2）煤层气井排采过程中煤基质变形规律及与煤储层参数间的关系

根据煤层气排采原理，通过实验室物理模拟，揭示煤层气井单相水流阶段、气水两相流阶段和气体单相流阶段的煤基质变形规律；分析煤基质变形与外部调控参数（驱替压力）和煤储层内部参数（流体含量、流量和渗透率等）间的联动关系，建立排采过程中储层压力（气压和水压）的分压数学模型。

（3）构建煤层气排采过程中适用的煤储层能量数学模型

分析前人提出的煤储层气体弹性能和煤基质弹性能计算模型，探讨其在煤层气排采过程中的适应性；根据煤层气排采过程中煤体的受力特征，揭示煤基质弹性能的转化形式，建立适用于煤层气排采过程的煤基质弹性能转化模型。

（4）排采过程中煤储层能量变化规律及机理

在煤基质变形规律物理模拟和煤基质弹性能转化模型基础上，计算并探讨煤层气井排采过程中气体弹性能和煤基质弹性能的变化规律，分析两者与煤储层物性参数间的联动关系及相互作用机理；阐明排采过程中煤储层能量对煤储层参数的控制作用，揭示煤储层能量-煤储层内部参数-排采关键参数三者的联动规律。

1.3.3　研究方案

本书研究的技术流程如图1-1所示，各阶段的工作方案详述如下。

第一阶段，文献资料调研分析与总结，研究区地质背景分析与煤样采集。

① 查阅、跟踪国内外与煤层气井排采和煤储层能量有关的研究成果，了解相关研究方法，包括基础参数测试方法及煤样要求、煤层气井排采物理模拟方法、设备及煤样要求，明确研究的关键点及难点所在。

② 收集研究区地质背景资料，分析其构造、沉积、水文等特征和主要含煤地层特征；确定煤样采集方案，进行煤样采集与制样。

第二阶段，煤样基础参数测试分析与数据处理。

煤岩基础参数测试，包括煤岩宏观描述、工业分析、煤岩组分、镜质组反射率、高压压汞测试、低温液氮测试、孔隙度和渗透率测试、煤岩力学参数测试和等温吸附测试等；试验数据预处理，为后续工作提供基础参数。

第三阶段，煤层气排采过程物理模拟试验。

根据煤层气井排采阶段划分，进行气驱替、水驱替、气驱替水和水驱替气物理模拟试验，监测驱替过程中煤基质的变形和相关参数，揭示其动态变化规律；分析煤基质变形与时间、驱替压力、流体流量、渗透率和含水/气饱和度等关键参数之间的相互关系，阐明其联动变化机理。

第四阶段，煤层气排采过程中煤储层能量动态变化规律及机理。

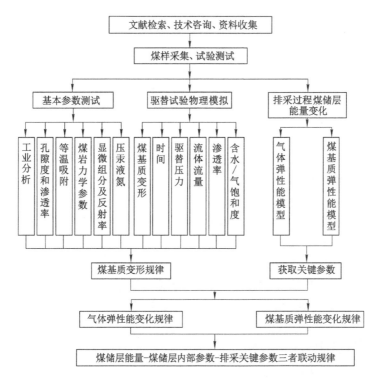

图 1-1　本书研究的技术流程

　　分析前人提出的关于煤储层能量的研究方法和相关数学模型,探讨其在煤层气排采过程中的适应性,并提出改进方案,据此建立煤层气排采过程中煤基质弹性能间的转化模型。结合煤基质变形规律研究,定量计算驱替过程中煤储层气体弹性能和煤基质弹性能,揭示两者在煤层气排采过程中的动态变化规律。在分析煤储层能量与煤储层各参数间相互作用关系的基础上,阐明排采过程中煤储层能量-煤储层内部参数-排采关键参数三者的联动规律。

2 研究区概况

2.1 研究区地理概况

老厂矿区位于云南省东部地区、恩洪矿区西南部,主要坐落于曲靖市富源县。由道班房区块和雨汪区块组成,总面积为 482.6 km²。其中,道班房区块面积为 400.8 km²,雨汪区块面积为 81.8 km²。目前,雨汪区块为该区域煤层气开发有利区。区内海拔高,相对高差大,地形切割强烈。冬寒夏凉,雨季集中于六月份至九月份。雨汪区块交通便利,周围与铁路和高速公路及乡村公路相连。

2.2 地层与煤层

2.2.1 区域地层概况

区内出露的地层相对较全,从泥盆系到第四系,中间缺失侏罗系、白垩系、古近系和新近系。地层由老到新简述如下:

① 泥盆系(D):缺失下泥盆统(D_1),与下伏地层呈角度不整合接触,总厚约为 757 m。中泥盆统(D_2)厚度在 423 m 以上,以灰色、紫红色中厚层灰岩,灰色厚层白云质灰岩为主。上泥盆统(D_3)厚度约为 334 m,以灰岩、白云岩和泥岩为主。

② 石炭系(C):与下伏地层呈假整合接触,厚度为 265～580 m。下石炭统(C_1)厚度约为 240 m,以泥岩和碳酸盐岩为主;上石炭统(C_2)厚度为 100～190 m,以灰岩为主。

③ 二叠系(P):岩性主要为含煤碎屑岩、碳酸盐岩和玄武岩。中二叠统茅口组(P_2m)厚度为 318～636 m,以灰岩和白云岩为主;上二叠统(P_3)主要包括龙潭组和长兴组。龙潭组与下伏地层呈假整合接触,厚度约为 350 m,以砂岩、泥岩和煤层为主。长兴组与下伏地层呈过渡接触,厚度约为 110 m,主要由粉砂岩夹细砂岩、菱铁岩、煤层及少量灰岩组成。

④ 三叠系(T):为一套滨海、浅海和潟湖相沉积。下统(T_1)地层厚度为 900 m 左右,可分为卡以头组、飞仙关组和永宁镇组。卡以头组与下伏地层呈整合接触,厚度为 81～129 m,下部以泥质粉砂岩为主,中上部以细砂岩为主,顶部有时为浅紫色中厚层状粉砂岩。飞仙关组厚度为 400 m 左右,以泥岩(夹粉砂岩)和砂岩为主,可分为四段,第一段厚 75～145 m,下部以泥质粉砂岩(夹灰色细砂岩)为主,上部以中厚层状粉砂岩、细砂岩为主;第二段厚 139～205 m,以中厚层状泥质粉砂岩(夹细砂岩)为主,顶部夹数层薄至中厚层状灰岩;第三段厚 35～85 m,以泥岩和细砂岩为主;第四段厚 36～90 m,以粉砂岩、泥岩和细砂岩为主。永宁镇组厚度为 340～495 m,以碳酸盐岩和钙质砂岩为主,该组分为上下两段,下段厚度为 190～205 m,以灰

岩、砂质泥岩和粉砂岩为主;上段厚度约为 250 m,以灰岩和白云岩为主。中统(T$_2$)分为个旧组和法郎组,个旧组厚度大于 500 m,发育不稳定;火把冲组厚度大于 200 m,分布在预测区周缘,以灰岩为主。

⑤ 第四系(Q):厚度为 0~30 m,零星分布,以砂砾和黏土为主。

2.2.2 含煤地层特征

二叠系龙潭组和长兴组为雨汪区块主要含煤地层,以龙潭组为主(图 2-1)。

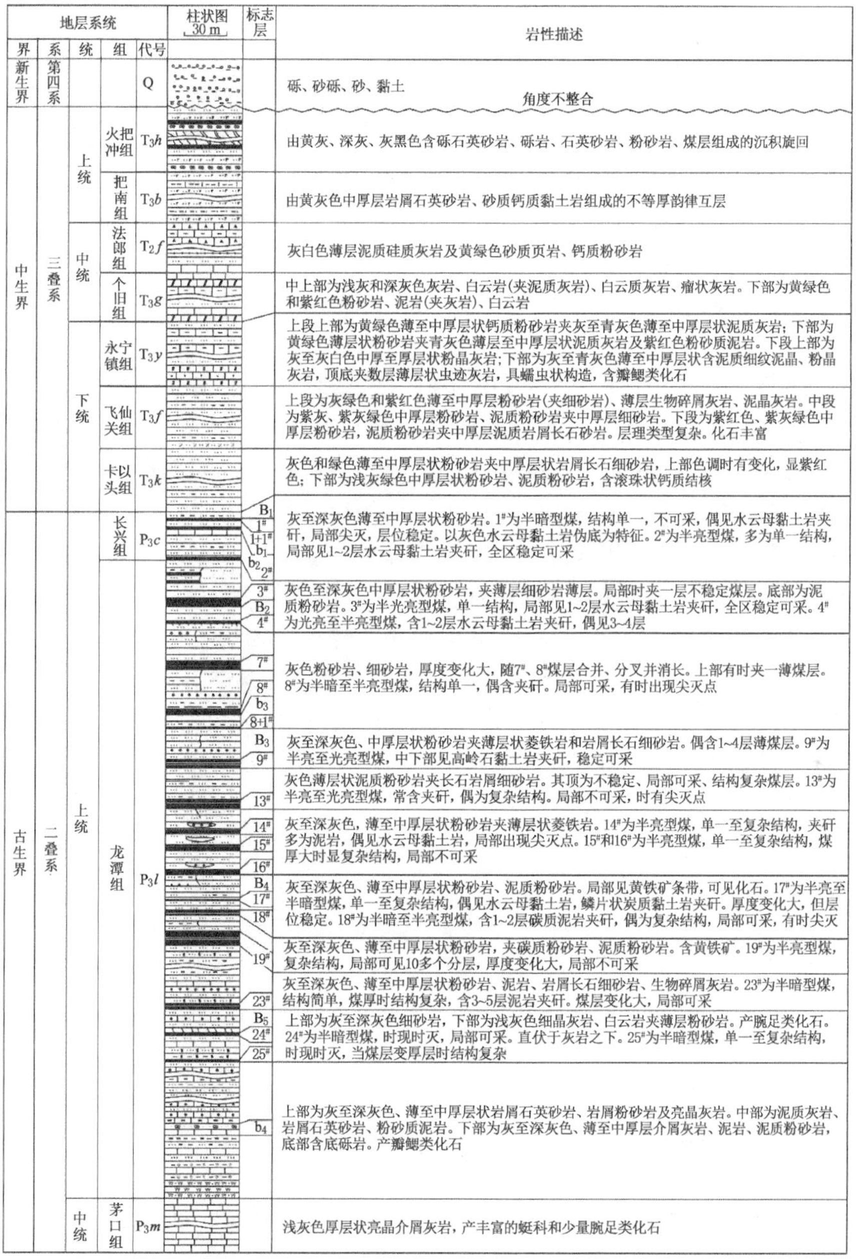

界	系	统	组	代号	柱状图 30 m	标志层	岩性描述
新生界	第四系			Q			砾、砂砾、砂、黏土 角度不整合
中生界	三叠系	上统	火把冲组	T$_3$h			由黄灰、深灰、灰黑色含砾石英砂岩、砾岩、石英砂岩、粉砂岩、煤层组成的沉积旋回
			把南组	T$_3$b			由黄灰色中厚层岩屑石英砂岩、砂质钙质黏土岩组成的不等厚韵律互层
		中统	法郎组	T$_2$f			灰白色薄层泥质硅质岩及黄绿色砂质页岩、钙质粉砂岩
			个旧组	T$_3$g			中上部为浅灰和深灰色灰岩、白云岩(夹泥质灰岩)、白云质灰岩、瘤状灰岩。下部为黄绿色和紫红色粉砂岩、泥岩(夹灰岩)、白云岩
		下统	永宁镇组	T$_3$y			上段上部为黄绿色薄至中厚层状钙质粉砂岩夹灰至青灰色薄至中厚层状泥质灰岩;下部为黄绿色薄层状粉砂岩夹青灰色薄至中厚层状泥质灰岩和紫红色粉砂质泥岩;下部为灰至灰白色中厚至厚层状灰晶灰岩;下部为灰至青灰色薄至中厚层状含泥质细纹泥晶、泥晶灰岩,顶底夹数层薄层状虫迹灰岩,具蠕虫状构造,含瓣鳃类化石
			飞仙关组	T$_3$f			上段为灰绿色薄至中厚层粉砂岩(夹细砂岩)、薄层生物碎屑灰岩、泥晶灰岩。中段为紫色、紫灰色中厚层粉砂岩、泥质粉砂岩中夹中厚层状粉砂岩。下段为紫红色、紫灰绿色中厚层状粉砂岩,泥质粉砂岩夹中厚层泥岩间长石砂岩。层理类型复杂。化石丰富
			卡以头组	T$_3$k			灰色和绿色薄至中厚层状粉砂岩夹中厚层状岩屑长石细砂岩,上部色调有变化,显紫红色;下部为浅绿色中厚层粉砂岩、泥质粉砂岩,含滚珠状钙质结核
古生界	二叠系	上统	长兴组	P$_3$c		B$_1$ 1# 1+1# b$_1$ b$_2$2#	灰至深灰色薄至中厚层粉砂岩。1#为半暗型煤,结构单一,不可采,偶见水云母黏土岩夹矸,局部尖灭,层位稳定。以灰色水云母岩伪底为特征。2#为半暗型煤,多为单一结构,局部见1~2层水云母黏土岩夹矸,全区稳定可采
						3# B$_2$ 4#	灰色至深灰色中厚层状粉砂岩、薄煤层细砂岩薄层。局部时夹一层不稳定煤层。底部为泥质粉砂岩。3#为半光亮型煤,单一结构,局部见1~2层水云母黏土岩夹矸,全区稳定可采。4#为光亮至半亮型煤,含1~2层水云母黏土岩夹矸,偶见3~4层
			龙潭组	P$_3$l		7# 8# b$_3$ 8+1#	灰色粉砂岩、细砂岩,厚度变化大,随7#、8#煤层合并、分叉而消失。上部有时夹一薄煤层。8#为半暗至半亮型煤,结构单一,偶有夹矸。局部可采,有时出现尖灭点
						B$_3$ 9#	灰至深灰色、中厚层状粉砂岩夹薄层状菱铁岩和岩屑长石细砂岩。偶含1~4层薄煤层。9#为半亮型煤,中下部见高岭石岩夹矸,稳定可采
						13#	灰色薄层状泥质粉砂岩夹岩屑长石岩细砂岩。其顶为不稳定,局部可采、结构复杂煤层。13#为半亮型至光亮型煤,常有夹矸,偶为复杂结构。局部可采,时有尖灭点
						14# 15# 16#	灰至深灰色、薄至中厚层状粉砂岩夹薄层状菱铁岩。14#为半亮型煤,单一至复杂结构,夹矸多为泥岩,偶见水云母黏土岩,局部出现尖灭点。15#和16#为光亮型煤,单一至复杂结构,煤层厚时显复杂结构,局部不可采
						B$_4$ 17# 18#	灰至深灰色、薄至中厚层状粉砂岩、泥质粉砂岩。局部见黄铁矿条带,可见化石。17#为半亮至半暗型煤,单一至复杂结构,偶见水云母黏土岩,鳞片状炭泥质黏土岩夹矸,层位稳定。18#为半暗至半亮型煤,含1~2层碳质泥岩夹矸,偶为复杂结构,局部可采,有时尖灭
						19#	灰至深灰色、薄至中厚层状粉砂岩,夹碳质粉砂岩、泥质粉砂岩。含黄铁矿。19#为半亮型煤,复杂结构,局部可见10多个分层,厚度变化大,局部不可采
						B$_5$ 23#	灰至深灰色、薄至中厚层状粉砂岩、泥岩,夹岩屑长石细砂岩。23#为半暗型煤,结构简单,煤层时结构复杂,含3~5层泥岩夹矸。煤层变化大,局部可采
						24# 25#	灰至深灰色细砂岩,下部为浅灰色细晶灰岩、白云岩薄层粉砂岩。产腕足类化石。24#为半暗型煤,时现时灭,直产于灰岩之下。25#为半暗型煤,单一至复杂结构,时煤层变厚时结构复杂
						b$_4$	上部为灰至深灰色、薄至中厚层岩屑石英砂岩、岩屑粉砂岩及亮晶灰岩。中部为泥质灰岩、岩屑石英砂岩、粉砂岩等。下部为灰至深灰色、薄至中厚层介壳灰岩、泥岩、泥质粉砂岩,底部含底砾岩。产瓣鳃类化石
		中统	茅口组	P$_3$m			浅灰色厚层状亮晶介壳灰岩,产丰富的蜓科和少量腕足类化石

图 2-1 雨汪区块综合地层柱状图(王博,2018)

(1) 龙潭组(P_3l)：含煤总厚度约为 40.0 m，其中，可采煤层厚度约 32.3 m。龙潭组自下而上可分为三段。下段为 23# 煤层至茅口灰岩顶界，地层平均厚度约 107.8 m。其上部为灰色粉砂岩夹细砂岩和多层灰岩，含主采煤层，下部为灰色中厚层状灰岩和细砂岩，近底部为铁铝质黏土岩，与下伏地层呈平行不整合接触。中段为 17# 煤层至 23# 煤层，地层厚度为 130～152 m，平均厚度约为 140.4 m；为深灰色薄层状粉砂岩，夹细砂岩和黏土岩，含煤 2～8 层，煤层总厚度为 0.2～25.0 m，平均为 6.7 m。18# 煤局部可采，19# 煤厚度变化较大，不稳定，与下伏地层呈整合接触。上段为 2# 煤层至 17# 煤层，含煤 8～11 层，地层平均厚度 118.4 m，上部为深灰色薄至中厚层状粉砂岩和细砂岩，中部以细砂岩为主夹粉砂岩、菱铁岩和黏土岩，下部为深灰色粉砂岩和细砂岩，与下伏岩层呈整合接触。富煤段主要分布在上段（王肖，2017；王博，2018）。

(2) 长兴组(P_3c)：2# 煤层至卡以头组底，厚约为 20.9 m，主要为深灰色粉砂岩夹细砂岩、菱铁岩和薄煤层，底部为生物泥状灰岩。1# 煤为半暗型煤，结构单一不可采；2# 煤为半亮型煤，结构单一局部可采，与下伏地层呈整合接触（王肖，2017；王博，2018）。

2.3　构　造　特　征

老厂矿区属于老厂圭山煤田北段，位于弥勒-师宗断裂东南，主体为一轴向 NE45°～50°、倾向 SE 的复背斜。西北翼构造复杂，靠近弥勒-师宗断裂附近，断裂十分发育（图 2-2）。

雨汪区块属于老厂向斜的东南翼，主体为单斜构造，地层走向 NE、倾向 SE，倾角 8°～15°。区内较大的褶皱为 S_{401} 向斜和 B_{401} 背斜。S_{401} 向斜位于区块北部，B_{401} 背斜位于 S_{401} 向斜南侧，这两个褶曲均对 19# 煤及其以上煤层有影响。区内发育多条断层，走向以 NE 向为主，区块边缘分布有 NW 向横断层和由 NE 转 NW 的弧形断层，且落差相对较大（图 2-2）。区块内部 F_{405} 逆断层落差为 50～100 m，断层切割全煤系。区块边缘主要为 F_{408} 逆断层，贯穿区块东部和南部，断层落差为 90 m 左右，对 19# 煤及以上煤层有影响。其次为位于区块东部的 F_9 逆断层，该断层落差大于 800 m，断至茅口组灰岩，影响到全煤系。其余断层规模不大，且少量穿过区块，对区块内煤层影响不大（王肖，2017；王博，2018）。

2.4　岩　浆　活　动

研究区岩浆岩发育较广泛，总出露面积占全省面积的 17%。区内岩浆的发育很少直接影响聚煤规律，多是间接影响煤层赋存和煤岩煤质。研究区茅口组灰岩顶部存在高温异常区。沉降快、含煤地层较厚以及缺失隔热层等因素，综合导致煤变质程度较高（王肖，2017；王博，2018）。

2.5　水文地质特征

老厂矿区地层由可溶岩与碎屑岩组成。矿区内的地表水体离矿床较远，对矿床充水基本没有影响。雨汪区块岩层以上二叠统及下三叠统的碎屑岩为主，构造简单，含水性弱。依据区内岩石类型和地层富水性强弱等条件，将地层划分成松散岩类含水层组、碎屑岩类

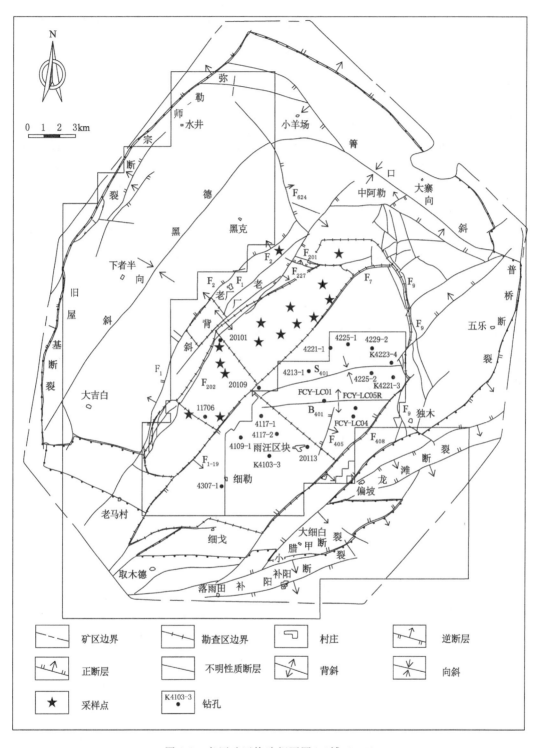

图 2-2 老厂矿区构造纲要图（王博，2018）

含/隔水层组、滑坡松散岩类含水层组和碳酸盐岩类含水层组。其中,碎屑岩类含/隔水层组主要为飞仙关组、卡以头组、长兴组和龙潭组,滑坡松散岩类含水层组多覆盖在主要含煤段之上,这两个含/隔水层组对矿床充水有直接和间接影响(王肖,2017;王博,2018)。

2.6 小 结

老厂矿区地层总厚度约为 1 546.3 m,出露地层从泥盆系到第四系,中间缺失侏罗系、白垩系、古近系和新近系。西北翼构造复杂,区块边缘断裂较为发育。其中,雨汪区块含煤地层为二叠系上统龙潭组和长兴组,以龙潭组上段为主;总体为一走向 NE、倾向 SE 的单斜构造,区内褶皱和断层相对较少;水文地质条件简单,受控于区域地质条件,含水层一般相互独立,与其他含水层无水力联系,含水性弱。

3 煤储层赋存特征及物性特征

3.1 煤储层赋存特征

雨汪区块含煤地层厚度为 450 m 左右,煤层层数多达几十层,主要包含龙潭组和长兴组,以龙潭组为主。可采煤层主要有 2#、3#、4#、7+8#、9#、13#、14#、15#、16#、17#、18#、19# 和 23# 煤层,可采总煤厚为 6.5～33.3 m。其中,主力煤层为 3#、7+8#、9#、13#、16# 和 19# 煤层,具体赋存情况见表 3-1。煤层埋深从西北到东南逐渐变大,煤层厚度从东北到西南方向变化较大,从西北到东南方向煤层分布较为均匀(图 3-1 和图 3-2)。通过对研究区开采煤矿的实地调研发现,兴波煤矿的 3# 煤层和宏发煤矿的 13# 煤层煤体结构相对较好,试验所用煤样均来自这两个层煤。下面对这两层煤的赋存特征进行说明。

表 3-1 主力煤层基本情况表

煤层	底板埋深/m		煤厚/m		煤层间距/m	
	范围	平均值	范围	平均值	范围	平均值
3#	20.3～978.4	531.0	0.3～3.3	1.4	6.1～35.5	16.4
7+8#	59.9～1 024.9	565.3	0.5～5.9	3.0	6.4～54.1	26.4
9#	80.8～955.7	595.9	0.3～6.9	2.2	3.7～41.7	22.3
13#	109.4～1 075.2	614.2	0.3～10.3	2.4	0.9～24.5	10.2
16#	138.4～1 090.7	618.7	0.2～4.2	1.6	2.5～24.4	10.9
19#	177.6～1 135.2	698.9	0.4～14.7	2.5	0.7～30.8	12.4

3# 煤层和 13# 煤层均位于龙潭组上段,全区稳定发育。两层煤埋深均从东南向西北、从东向西逐渐变浅,区块中部、西部和西北部埋深相对较浅。其中,3# 煤层埋深为 20.3～978.4 m,平均为 531 m;13# 煤层埋深为 109.4～1 075.1 m,平均为 614.2 m。整体上区块西部和西北部煤层厚度相对较大,13# 煤层厚度明显大于 3# 煤层的。3# 煤层厚度全区变化不大,厚煤区集中在区块的西部和西南部,煤厚为 0.3～3.3 m,平均为 1.4 m;13# 煤层煤厚南北差异较大,北部、西部和东部相对较厚,南部较薄,煤厚为 0.3～10.3 m,平均为 2.4 m。煤矿主要集中在区块西北部。3# 煤层顶底板一般为泥岩、粉砂岩和碳质泥岩等;13# 煤层顶底板主要为泥岩、砂质泥岩和粉砂岩。两层煤的顶底板均有利于煤层气的保存。

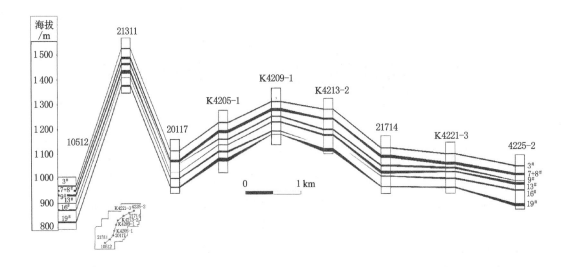

图 3-1　雨汪区块从东北到西南方向的连井剖面(王肖,2017)

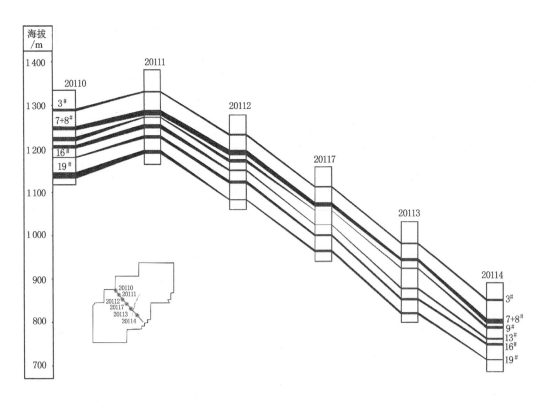

图 3-2　雨汪区块从西北到东南方向的连井剖面(王肖,2017)

3.2 煤储层物性特征

3.2.1 煤岩煤质特征

研究区煤级整体为高变质程度的烟煤和无烟煤,颜色为钢灰色或黑色,13#煤光泽相对最强,为似金属至金属光泽,阶梯状或参差状断口。3#煤煤体结构整体较好,原生结构煤占比可达 40%;13#煤原生结构仅占 28%,55% 为碎粒煤和糜棱煤,煤体结构较为破碎。3#和13#煤宏观煤岩类型为半暗至半亮型;煤岩显微组分均以镜质组为主,差别不大,其中 3#煤的惰质组含量较高。两煤层中矿物以黏土矿物和黄铁矿为主,含少量碳酸盐矿物和二氧化硅,但 3#煤黏土矿物和黄铁矿含量均较 13#煤的高;两个煤层的工业组分相差不大,灰分产率均较高,均为中灰煤,13#煤上下两部分灰分和挥发分产率差别较大(王博,2018)。

本书以 XB 和 HF 分别表示兴波煤矿 3#煤层和宏发煤矿 13#煤层所采煤样(表 3-2)。煤样宏观特征如图 3-3 所示。XB 煤样的煤体结构较好,为原生结构煤,整体色泽暗淡,宏观裂隙不发育,阶梯状断口,以亮煤条带为主,中间夹有镜煤条带和暗煤条带[图 3-3(a)],为半亮煤;煤样中夹杂的黄铁矿非常明显,呈块状分布,整块煤样裂隙充填情况较难辨别,钻样成功率高;所钻煤柱完整度非常好,钻样后发现裂隙充填严重[图 3-3(c)]。HF 煤样的煤体结构相对较为破裂,为原生结构偏碎裂煤,宏观裂隙发育,阶梯状断口,色泽光亮,整体以亮煤条带为主,夹有镜煤条带[图 3-3(b)],为半亮煤;黄铁矿相对较少,钻样相对困难,成功率较低,且很难获得标准样品;煤柱中的宏观裂隙较为发育,基本没有充填[图 3-3(d)]。

表 3-2 两种煤样煤岩分析结果

编号	煤层	去矿物基/%		含矿物基/%					$R_{o,max}$/%
		镜质组	惰质组	有机物	黏土类	硫化物	碳酸盐矿物	二氧化硅	
XB	3#	82.08	17.92	81.48	4.22	1.97	10.24	2.09	2.17
HF	13#	91.2	8.8	99.08	—	—	—	0.92	2.18

XB 煤样的最大镜质组反射率($R_{o,max}$)为 2.17%,其有机显微组分以基质镜质体为主。其惰质组以半丝质体为主,含少量氧化丝质体和碎屑惰质体,偶见粗粒体。无机组分中黏土以浸染状为主,少量充填胞腔;硫化物主要为黄铁矿,呈细粒状和莓球状;碳酸盐矿物主要为方解石,充填裂隙或呈较大的块状,少量充填细胞腔;氧化物主要为石英。

HF 煤样的 $R_{o,max}$ 为 2.18%,其有机显微组分以基质镜质体为主。惰质组以半丝质体为主,含少量粗粒体、碎屑惰质体和氧化丝质体。无机组分中未见黏土矿物和碳酸盐矿物,硫化物以黄铁矿为主,以颗粒状嵌于镜质体中,石英以次圆状颗粒嵌于镜质体中。

两种煤样煤岩分析结果见表 3-2。从中可以看出,两种煤样的显微组分均以镜质组为主,煤级均处于贫煤阶段,与研究区整体趋势一致。XB 煤样中方解石含量较高,说明充填裂隙的矿物主要为方解石,从整个研究区来看,该矿 3#煤层方解石充填程度较高。

两种煤样煤质分析结果如表 3-3 所示。对比发现,XB 煤样和 HF 煤样的煤质特征差异较大,前者灰分和挥发分含量较高,为中灰分煤,这和其较高的无机矿物含量一致;后者灰

(a) XB煤样   (b) HF煤样

(c) XB煤柱   (d) HF煤柱

图 3-3　煤样宏观特征

分和挥发分均较低，其矿物含量明显低于前者。

表 3-3　两种煤样煤质分析结果

编号	工业分析				视密度 /(g/cm³)	真密度 /(g/cm³)
	水分/%	灰分/%	挥发分/%	固定碳/%		
XB	1.2	23.27	18.83	62.44	1.59	1.63
HF	2.75	7.42	6.93	86.16	1.42	1.48

3.2.2　孔裂隙特征

　　孔裂隙是煤中的主要储集空间和运移通道，其大小及其连通程度是决定流体在其中运移的关键因素。煤样的孔裂隙具有多种测试方法，常用的有高压压汞注入、低温液氮吸附、低温二氧化碳吸附、电子显微镜和扫描电镜观测、CT 扫描和核磁共振测试等。不同的检测方法均有其优势所在，通常认为，高压压汞注入在测试大中孔方面相对较为准确，低温液氮吸附法在测试 3 nm 以上的微孔时较为准确，低温二氧化碳吸附法主要测试 2 nm 以下的微孔，扫描电镜主要用于观测样品表面的孔裂隙分布特征，CT 扫描可以利用扫描获得的图片对整个样品进行重建进而获得整体的孔裂隙分布特征,扫描电镜和 CT 扫描的观测精度与仪器精度有关。核磁共振为一种定性半定量的分析方法,目前尚不能独立进行孔隙结构研究,需结合压汞等常规方法进行分析。

针对孔隙大小类型,不同学者的划分方法不同。本书孔隙大小分类方案采用霍多特的分类方法,将孔隙类型分为大孔、中孔、过渡孔和微孔四类,孔径范围分别为:大孔直径 $d_1 \geqslant 1\,000$ nm、100 nm $\leqslant$ 中孔直径 $d_2 \leqslant 1\,000$ nm、10 nm $\leqslant$ 过渡孔直径 $d_3 \leqslant 100$ nm 和微孔直径 $d_4 < 10$ nm。研究区两个煤层孔裂隙相对发育,但矿物充填情况相对较严重;3$^\#$ 和 13$^\#$ 煤的孔隙度相差不大,孔隙类型均以过渡孔和微孔为主(王博,2018)。

本书对孔裂隙的表征方法主要包括真视密度法、扫描电镜法、高压压汞注入法和低温液氮吸附法。

(1) 用真视密度法计算孔隙度

煤样的孔隙度可根据真密度和视密度进行换算,计算公式为:

$$\varphi = \frac{\rho_{TRD} - \rho_{ARD}}{\rho_{TRD}} \tag{3-1}$$

式中,φ 为孔隙度,ρ_{TRD} 为真密度,ρ_{ARD} 为视密度。

将真密度值和视密度值代入式(3-1)可得 XB 和 HF 煤样的孔隙度(分别为 2.45%、4.05%),后者要明显高于前者。

(2) 用高压压汞注入法和低温液氮吸附法测试孔隙结构分布特征

高压压汞注入法和低温液氮吸附法主要测试的是孔隙类型和孔径分布。压汞方法测试孔隙结构依据的是毛细管压力曲线,孔径测试范围最小可到 3 nm。

根据压力和进汞量的关系,换算为孔径和进汞量的关系,可得累计进汞量和进汞增量随孔径分布的变化,压汞测试结果如表 3-4 所示。从中可以看出,两种煤样的平均孔径相差不大,中值孔径相差较大,HF 煤样的最大进汞量和比表面积均高于 XB 煤样的,这反映出 HF 煤样的孔隙比 XB 煤样的孔隙更加发育。

表 3-4　压汞测试结果

煤样	最大进汞量/(mL/g)	比表面积/(m²/g)	中值孔径/nm	平均孔径/nm	孔隙度/%
XB	0.030 9	10.67	24.5	4.9	4.71
HF	0.047 7	20.65	11.0	4.8	6.66

(3) 用扫面电镜观测煤样表面特征

利用扫描电镜可观察煤样表面的孔裂隙发育特征及其中矿物充填情况,两种煤样的观察结果分别如图 3-4 和图 3-5 所示。XB 煤样中的孔裂隙相对较为发育,但是基本都被方解石、石英、黄铁矿和黏土充填,以方解石为主,未充填的孔裂隙发育不明显,零星分布,形状不规则,黏土矿物呈斑点条带状分布,石英零星分布,煤中黄铁矿较多,多呈草莓状分布(图 3-4)。HF 煤样中裂隙不发育,部分裂隙被矿物充填,但充填情况相比 XB 煤样要弱,孔隙相对发育,多呈不规则状、椭圆形和圆形,多呈条带状和鸡窝状分布,部分含黄铁矿(图 3-5)。

两种煤样中,有机质中发育仅有的几条裂隙宽度均为几百纳米,黏土矿物中发育较多孤立的收缩裂缝,孔隙从微米级到纳米级均有发育,相差较大,在有机质中均不是连续分布,而呈零星状、鸡窝状和条带状分布,形状差异较大,多呈不规则状。

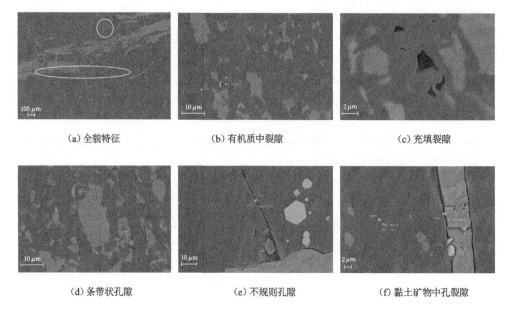

图 3-4　XB 煤样表面孔裂隙发育特征及充填情况

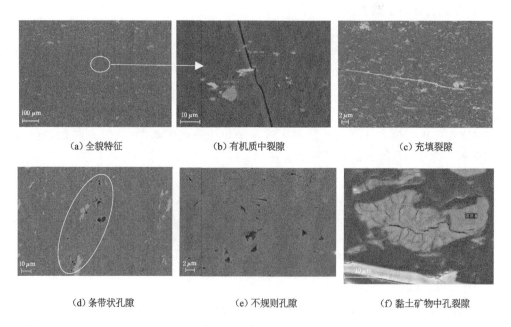

图 3-5　HF 煤样表面孔裂隙发育特征及充填情况

从图 3-6 中可以看出,两种煤样的进退汞曲线随孔径变化趋势相对较为一致。当孔径大于 100 nm 时,两者进汞量相差不大,孔径小于 100 nm 后,HF 煤样的进汞量上升速度开始逐渐高于 XB 煤样,最终进汞量也高于 XB 煤样的。两种煤样的阶段进汞量变化趋势也较为一致,只是在微孔阶段,HF 煤样进汞量较大(图 3-7)。由两种煤样的阶段比表面积随孔径的变化曲线(图 3-8)可以看出,比表面积主要来自微孔,HF 煤样的比表面积明显高于 XB 煤样的。孔径分布上,两种煤样均以过渡孔和微孔为主,大孔和中孔所占比例较小(图 3-9)。

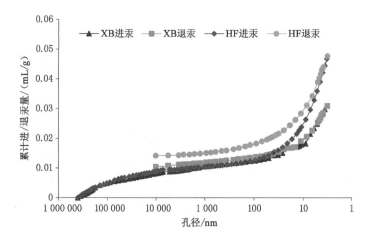

图 3-6 累计进汞量和退汞量随孔径的变化曲线

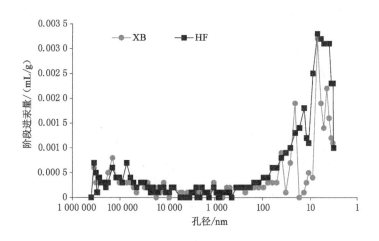

图 3-7 阶段进汞量随孔径的变化曲线

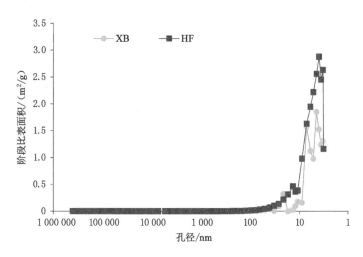

图 3-8 阶段比表面积随孔径的变化曲线

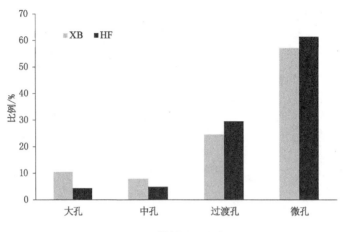

图 3-9　煤样孔径分布

用低温液氮吸附法主要测试的是微孔,其测试结果见表 3-5。从中可以看出,两种煤样的微孔和过渡孔的孔径大小和比表面积差别不大。两种煤样的吸附脱附曲线趋势基本一致,当相对压力较低时,吸附量增加不明显;相对压力大于 0.9 之后,吸附量开始快速增加,XB 煤样的吸附曲线略高于 HF 煤样的,说明两种煤样微孔分布相差不大(图 3-10)。

表 3-5　煤样孔径分布(低温液氮吸附法)

煤样	BJH 总孔容 /($\times10^{-4}$ cm³/g)	BET 比表面积 /(m²/g)	平均孔径 /nm	孔容/($\times10^{-4}$ cm³/g)		比表面积/(m²/g)	
				<10 nm	>10 nm	<10 nm	>10 nm
XB	10	0.235	20.55	1.15	10.45	0.079	0.070
HF	10	0.27	19.65	1.16	12.18	0.092	0.082

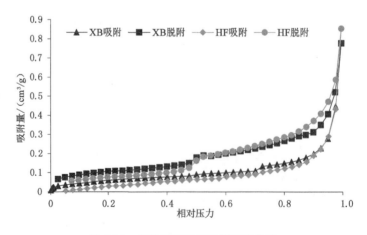

图 3-10　煤样低温液氮吸附脱附曲线

根据低温液氮吸附脱附曲线能够推测孔隙类型,国际纯化学与应用化学联合会(IUPAC)将吸附回线分为 4 种类型。两种煤样曲线类型主要表现为 H3 型(图 3-11),说明了煤样中的孔主要为狭缝孔(Liu et al.,2017;Zhang et al.,2017),这与扫描电镜中的观测结果一致,特别是黏土矿物中存在较多的狭缝状孔裂隙。从孔径分布看,两种煤样均以 10 nm 以下的微孔为主,HF 煤样具有 4 个明显峰值,XB 煤样具有 2 个峰值,说明 XB 煤样孔隙的非均质性更强(图 3-12)。

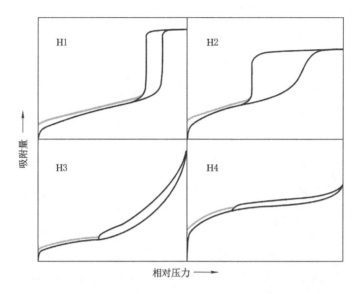

图 3-11 吸附曲线类型(严继民等,1986)

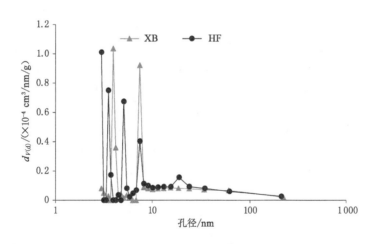

图 3-12 BJH 孔径分布

3.2.3 吸附特征

煤层气主要以吸附态赋存于煤体孔裂隙中,通常认为煤体对煤层气的吸附解吸是可逆的,研究煤体的吸附特征对其解吸特征的深入认识具有重要作用。为了表征煤层气在煤基质表面的吸附特征,国内外学者提出了众多吸附模型,如朗缪尔模型、BET 模型、Freundlich 模型、D-R 模型以及 D-A 模型等。其中,应用较广的是朗缪尔模型。测试仪器以体积法等温吸附仪和质量法等温吸附仪为主。

本书所用试验仪器为磁悬浮质量法等温吸附仪(图 3-13)。试验前将煤样磨碎,筛选出粒度 60~80 目的样品 5~10 g 备用。在试验条件下设置的最高压力为 9 MPa,压力点 7 个,分别为 0.5 MPa、1 MPa、2 MPa、3 MPa、5 MPa、7 MPa 和 9 MPa;试验温度为 30 ℃,所用气体为高纯氮气,后文如无特殊说明,所用氮气均为高纯氮气。试验过程包括三步,分别为样品预处理、浮力测试和吸附测试。

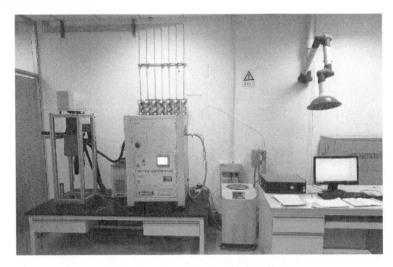

图 3-13　磁悬浮质量法等温吸附仪

样品预处理主要是对样品进行抽真空干燥,除去样品中的水分和残留气体,所用气体为高纯氮气,后文氮气均指高纯氮气。先在常压下,以 70 ℃对样品干燥 3 h,然后改为真空状态,在 75 ℃条件下对样品进行抽真空干燥 48 h,直到样品质量基本不再变化为止。浮力测试采用的气体为氦气,主要测试在样品没有吸附气体的条件下,样品和样品桶的质量和体积,样品桶的质量试验前已经测得,通过浮力测试能够获得试验样品的质量;试验温度为30 ℃,将试验压力依次设置为 1.0 MPa、2.0 MPa、3.0 MPa、4.0 MPa 和 5.0 MPa 共 5 个压力点。吸附测试前首先进行抽真空,然后用氮气进行吸附测试。质量法测得的吸附量为干燥基煤样的吸附量。试验结果如表 3-6 和图 3-14 所示。

表 3-6　煤样朗缪尔参数

条件	煤样			
	XB		HF	
	朗缪尔体积/(cm³/g)	朗缪尔压力/MPa	朗缪尔体积/(cm³/g)	朗缪尔压力/MPa
干燥基	18.51	2.21	24.82	2.14

两种煤样的吸附量随压力的变化情况与朗缪尔公式均拟合很好。在同一压力点下,HF 煤样的吸附量明显大于 XB 煤样,煤样吸附量受煤样的灰分、挥发分、镜质组反射率、矿物含量和煤样比表面积等因素的综合影响。由前文分析可知,两种煤样的镜质组反射率基本一致,但是 XB 煤样中的矿物含量非常高、灰分产率高,从扫描电镜图片也可以看出,XB煤样中的孔隙明显少于 HF 煤样,即吸附空间少,这些因素共同导致了 XB 煤样的吸附量低

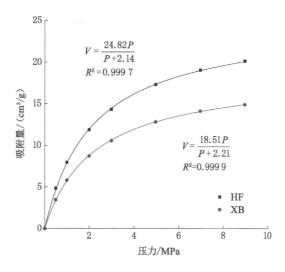

图 3-14　煤样等温吸附曲线

于 HF 煤样的吸附量。

3.2.4　渗透性特征

　　煤样的渗透性是煤层气开采的重要指标,常用渗透率表征,反映了流体通过煤体中通道的难易程度,主要与煤储层中孔裂隙的发育程度及其连通性相关。渗透率除了可由现场试井测试外,在实验室通常用岩心进行测试,常用的方法有稳态法和脉冲衰减法。

　　稳态法依据的原理是达西定律,气和水的渗透率计算方法分别为式(3-2)和式(3-3)。

$$k_g = \frac{2p_2 q_g \mu_g L}{A(p_1^2 - p_2^2)} \times 100 \tag{3-2}$$

$$k_w = \frac{q_w \mu_w L}{A(p_1 - p_2)} \times 100 \tag{3-3}$$

式中,k_g 和 k_w 分别为气和水的有效渗透率,$\times 10^{-3}$ μm^2;q_g 和 q_w 分别为气和水的流量,mL/s;μ_g 和 μ_w 分别为气和水的黏度,mPa·s;L 为样品的长度,cm;A 为样品的横截面积,cm²;p_1 和 p_2 分别为样品进口压力和出口压力,MPa。

　　脉冲衰减法渗透率测试的原理是,基于一维非稳态渗流理论,测试时在上游施加一定的压力脉冲,监测样品两端的压差变化,然后利用数值解析法进行渗透率计算。该方法是一种非稳态法,相比稳态法测试时间短,但测试之前需要先测量样品的孔隙度,其测试结果与样品孔隙度关系密切。

　　研究区煤层为低渗至中低渗,13# 煤的渗透性稍好。由于煤样具有强非均质性,所钻煤柱的渗透率不可能保持一致,差异性可能会比较大,但其体现的规律是一致的。本书以 XB 煤样为例,对样品的孔渗性进行分析。本次渗透率测试选用脉冲衰减法,利用煤层气资源与成藏过程教育部重点实验室的渗透率测试仪完成(图 3-15),所用气体为氮气。

　　首先在 2 MPa 气体压力和 4 MPa、5 MPa、6 MPa、8 MPa 和 10 MPa 的围压条件下测试了干燥样品的渗透率,其试验结果如图 3-16 所示。从中可以看出,不同样品的渗透率具有较大差异性,在同一气体压力条件下,样品渗透率随围压的增大呈指数规律降低,围压越

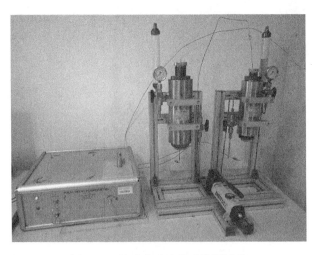

图 3-15　脉冲衰减法渗透率测试仪

高,渗透率相差越小。在气体压力不变的情况下,围压的增大相当于增加了有效应力,从而导致渗透率急剧降低。

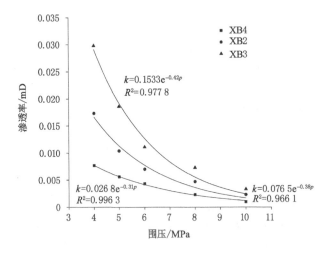

图 3-16　样品渗透率随围压的变化情况

同时,通过干燥样品 XB5,研究了在同一围压、不同气体压力条件下,渗透率随气体压力的变化情况。首先在 1.5 MPa 气体压力条件下,将围压按照 2 MPa、3 MPa、4 MPa、5 MPa 和 6 MPa 的顺序依次提高,分别测试渗透率;然后在围压 6 MPa 条件下,将气体压力按照1.5 MPa、2 MPa、3 MPa、4 MPa 和 5 MPa 的顺序依次升高,分别测试渗透率。由测试结果可以看出(图 3-17),随有效压力升高,样品渗透率呈指数规律降低。这种规律在围压不变、升高气体压力的情况下和气体压力不变、降低围压的情况下具有一致性。但总的测试结果显示,恒定气压测试后煤样很可能受到了一定程度的损伤,在同样的有效应力条件下,两次测试结果随有效应力降低,差别越来越大。

渗透率除了受有效应力的影响,在实际煤层中还含有一定量的水,水对样品渗透率也具有较大的影响。在上述试验之后,将样品取出进行真空饱水。然后按照 2 MPa、3 MPa、

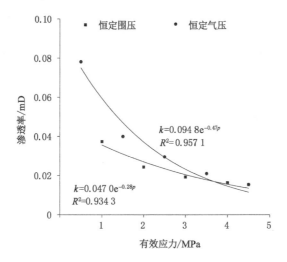

图 3-17 干燥样品渗透率随有效应力的变化情况

4 MPa、5 MPa 和 6 MPa 的顺序分别加载围压,在 1.5 MPa 气体压力条件下,分别测试了饱和水 0.5 h 和饱和水 9.5 h 之后的渗透率,结果如图 3-18 所示。可以看出,随含水量增大,样品渗透率逐渐降低;当含水量相对较低时,渗透率变化相对较小;当含水量相对较高时,渗透率下降明显;但随有效应力增加,渗透率变化相对较小。饱水 0.5 h 之后测试的渗透率与干燥条件下在恒定围压、改变气体压力情况下测得的渗透率相差不大,说明干燥阶段卸载围压后,样品渗透率得到了较大的恢复。

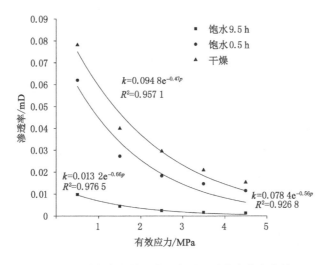

图 3-18 不同含水量样品渗透率随有效应力的变化情况

饱水 9.5 h 后,在 1.5 MPa 的气体压力与不同围压条件下测试样品渗透率后,将围压恒定在 6 MPa,气体压力按照 1.5 MPa、2 MPa、3 MPa、4 MPa 和 5 MPa 的顺序依次升高,重新测试了不同气体压力条件下样品渗透率的变化情况,其结果如图 3-19 所示。在同一有效应力条件下,恒定气体压力测试的样品渗透率要低于恒定围压时测试的样品渗透率。根据干燥样在同一有效应力条件下,恒定气压和恒定围压两种情况的渗透率变化情况可知,前期围压的加载,对渗透率造成了一定的伤害,且含水煤样渗透率对有效应力的敏感性要高于干燥煤样。据此推断,饱水 9.5 h 后,恒定气体压力测试的样品渗透率应该高于恒定围压测试的样品渗透率,但实际正好相反,且有效应力越高,两者相差越小,这说明对于饱水样品,在测试过程中,气体驱替压力对样品渗透率有一定的促进作用,在初期驱替压力较低的条件下,样品中很少的水被驱替出来,但随驱替压力升高,样品孔裂隙中较多的水被驱替出来,从而导致样品含水量降低,渗透率提高。

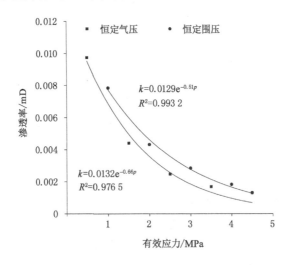

图 3-19 饱水 9.5 h 后样品渗透率随有效应力的变化情况

3.3 小   结

本章结合所采集煤样的测试结果,重点分析了研究区 3# 煤和 13# 煤煤储层赋存特征和物性特征。取得的主要认识如下:

① 研究区发育煤层层数多,间距小,单煤层厚度小,3#、7+8#、9#、13#、16# 和 19# 煤层为主采煤层。3# 和 13# 煤层均位于龙潭组上段,全区稳定发育。这两层煤埋深从东南向西北、从东向西逐渐变浅,区块中部、西部和西北部相对较浅;其中,3# 煤层平均埋深为 531.0 m,13# 煤层平均埋深为 614.2 m。区块西部和西北部煤层厚度相对较大,13# 煤厚度明显大于 3# 煤。3# 煤厚度全区变化不大,平均为 1.4 m;13# 煤厚南北差异较大,平均为 2.4 m。

② 结合煤样分析测试结果,分析了 3# 和 13# 煤的基础物性特征,包括煤岩煤质特征、孔裂隙发育特征、吸附特征和渗透性特征。这两层煤均为贫煤,有机显微组分均以基质镜质体为主;无机组分中均有少量黄铁矿,3# 煤(XB 煤样)中方解石和黏土矿物相对较多,灰分和挥发分较高,为中灰分煤。宏观上,XB 煤样煤体结构相对完好,钻样成功率高,13# 煤(HF 煤样)煤体结构相对破碎,裂隙较为发育,钻样成功率较低;微观上,XB 煤样中的裂隙多被方解石充填,而未充填裂隙较少,HF 煤样孔隙相对发育,多呈条带状和鸡窝状分布于有机质中。两层煤煤样中孔隙均以微孔为主,多为狭缝状,HF 煤样中微孔比 XB 煤样中微孔稍微发育,且均质性相对较好,这与扫描电镜结果较为一致。煤岩煤质特征和孔裂隙发

育特征在一定程度上决定了其吸附特征。XB 煤样由于灰分产率高,矿物质含量高,其吸附能力要低于 HF 煤样的。煤样的渗透性受有效应力和含水量的影响较为显著;围压的连续加载会导致渗透率性质的损伤,试验范围内,卸载围压后,渗透率能够较大程度地得到恢复;含水量的增加会导致渗透率的快速下降;在高含水量条件下,随有效应力的增大,煤样渗透率降低程度相对变缓;对饱水煤样,气体压力的不断提高,能够将煤样中的水驱替出来,在一定程度上能够提高渗透率。

4 煤层气排采物理模拟过程中煤基质变形规律

在原位状态下,直接研究煤储层中气、水的运移产出机理,难度非常大,因此常采用物理模拟方法。当利用物理试验模拟煤储层连续排水和排气的过程时,若样品较小,则难度较大,不易实现;若采用大块样品,一方面原煤难以加工,另一方面因为试验仪器的限制,仅能采用型煤简单模拟气体解吸过程,同时水会导致型煤的抗压性大大降低,因此难以模拟水的产出。通常认为煤基质对气、水的吸附解吸是一对可逆过程,研究煤基质对气、水的吸附过程能够反映煤层气产出过程中气、水的解吸过程。鉴于此,本章在阐述煤层气运移产出机理的基础上,利用物理试验模拟煤层气产出过程的不同阶段,分析煤层气产出过程中煤基质变形规律,探讨其与驱替压力和煤储层参数间的关系。同时,根据煤基质的吸附变形理论,提出煤体中气、水共存时,储层压力中气压和水压的分压数学模型。

4.1 煤层气运移产出机理及排采过程阶段划分

煤层气主要以吸附态存在,产出过程分为多个阶段,不同阶段产出机理不同。首先,需进行解吸,即从煤基质表面脱附,当储层压力降至临界解吸压力后,煤基质表面的气体开始解吸产出,该过程符合朗缪尔理论。其次,煤层气在小孔中依靠浓度差逐渐扩散至大孔或裂隙中,该过程符合菲克定律。最后,煤层气依靠压差在裂隙通道中渗流到井筒产出,一般认为该过程符合达西定律,该定律认为煤储层渗透率与流体渗流速度和流体压力梯度成正比。煤层气产出过程中,流体渗流速度和流体压力梯度均在不断变化,煤储层渗透率也不断变化。

根据煤层气产出过程中气、水产出情况,可将煤层气排采过程分为三个阶段,即第一阶段的水单相流阶段、第二阶段的非饱和流和气水两相流阶段、第三阶段的气体单相流阶段。水单向流阶段主要是地层水的产出,储层压力随地层水产出不断降低,同时向远处传播形成压降漏斗,产水速度决定了压降漏斗传递的速度和传递的范围。煤层气解吸后,进入第二阶段,首先是非饱和流,该过程煤层气的产出主要呈分散状,以孤立的气泡形式产出,气相渗透率开始逐渐增大。随压降漏斗进一步传播,气体进一步解吸,进入气水两相流阶段,该过程已有大量气体解吸,煤层气在裂隙中形成连续气流,产水量下降。随气体大量产出,产水量会越来越少,此时可认为进入气体单相流阶段。在此阶段,以煤基质收缩效应为主,煤储层渗透率逐渐增大,这使初始阶段煤储层在有效应力作用下渗透率的损伤得到一定程度的恢复。

根据以上分析,下面将通过气驱替、水驱替、气驱替水和水驱替气等物理试验分别模拟煤层气排采过程的三个阶段,进而研究煤基质的变形规律。

4.2　试验方案、设备及样品的选取

本章设计的试验方案为:在一定围压和轴压下,分别用气和水驱替样品,同时测量变形量和流量。在气驱替水过程中,在相同条件下,先使样品在一定压力下充水,然后在不同压力下充气,测量总的应变量;在水驱替气过程中,在相同条件下,先使样品在一定压力下充气,然后在不同压力下充水,测量总的应变量。

试验设备主要采用重庆大学煤矿灾害动力学与控制国家重点实验室自行研制的THM-3 型含瓦斯煤热流固耦合试验系统(图 4-1)。

图 4-1　THM-3 型含瓦斯煤热流固耦合试验系统

驱替试验中,样品选取至关重要,并不是说每个样品均能获得理想效果,样品选取不当,将会无形之中加大试验难度,而且试验效果往往也不理想。考虑既要保证样品具有一定强度,能够承受长时间加载,又要具有一定的渗流通道,使气、水相对较为容易地通过样品,这就要求在样品保持较为完整的情况下具有适当大的渗透率,因此选样难度较大。试验过程中,首先选取的是 XB 煤样,煤体结构好,由于后续试验过程中流体驱替相当困难,因此又选用了 HF 煤样。本章所用样品均为直径 50 mm、长度 100 mm 的柱状样品,具体所用样品编号后续将依次说明。下面分别从试验步骤和试验结果两个方面,依次对气驱替、水驱替、水驱替气和气驱替水四个过程进行探讨。

4.3　氦气驱替过程中煤基质变形规律

当流体注入样品后,在孔隙压力的作用下,煤基质产生变形。若煤基质不对流体产生吸附,则测量的变形是孔隙压力作用导致;若煤基质对流体产生吸附,则测量的变形是孔隙

压力和吸附作用共同作用导致。从理论上来说,需首先测量样品在单纯孔隙压力作用下的煤基质变形率,然后进行吸附测试。因此,本章首先对煤基质在孔隙压力作用下的变形率和渗透规律进行了测试分析。测量煤基质在单纯孔隙压力作用下的变形率,所用测试气体为氦气。该试验过程中选用了两个煤矿的样品,分别是 XB 煤样和 HF 煤样,测试分为两组,所用样品编号分别为 XB1 和 HF1。

4.3.1　试验步骤

① 样品干燥处理。将样品放入烘箱,在 80 ℃条件下烘干 24 h 以上,为防止烘干后的样品再次吸水,烘干后将样品用保鲜膜包裹密封,并放入干燥器保存,试验时再取出。刚开始试验时,为了使样品能够重复利用,开始阶段,未对样品表面进行处理,在试验过程中部分样品出现了流体从侧面流出的现象。为防止在驱替过程中,由于样品周围密封不严,流体从样品侧面通过的情况,后续试验前先在样品四周涂抹硅胶。

② 装样、抽真空和检查管路气密性。将样品装入三轴驱替试验设备,用热缩管和螺丝固定密封,防止试验过程中围压液的进入和水的侧向运移,安装可测量径向变形的引伸计,密封腔体,然后对整个管路进行抽真空,并检查管路的气密性(图 4-2)。

图 4-2　装样过程

③ 轴压和围压加载。先将轴向压头与样品接触,然后通过围压液加载围压至 5 MPa,同时加载轴压至 5 MPa。需要说明的是,初始设计的轴压为 5 MPa,围压为 6 MPa,由于试验过程中,在 6 MPa 围压作用下,气体难以通过样品,因此,最终将围压改为 5 MPa。

④ 氦气驱替。将氦气通入样品,测试孔隙压力作用下样品的变形情况。氦气驱替压力按照气体驱替和水驱替过程设计的压力进行调节,依次为 1 MPa、1.5 MPa、2 MPa、2.5 MPa、3MPa、3.5 MPa 和 4 MPa,测试在不同驱替压力作用下样品的变形量,同时在出口端安装气体流量计,测量驱替过程中出口气体流量,用于计算渗透率。

4.3.2　试验结果分析

本书测试变形主要为径向变形,前人研究表明,径向变形和轴向变形具有相似的规律,且垂直层理方向的变形量要大于平行层理方向的变形量(Pan et al.,2012;Meng et al.,2018)。本书所用样品均为轴向平行层理的样品,径向变形能够更好地反映样品的变形情况,若无特殊说明,本书后面的变形均指径向变形。

试验中测得的样品变形率随驱替压力的变化规律如图4-3所示。两个样品的变形率均随驱替压力增大呈线性增大趋势,这主要是因为孔隙压力的作用。两个样品的变形率不同,在相同的驱替压力作用下,初始阶段HF1样品的变形率大于XB1样品;随驱替压力升高,XB1样品的变形率超过HF1样品。XB1样品的变形速率整体上高于HF1样品,这主要与样品的基本物性参数有关,同时说明,相比HF1样品,XB1样品在压力作用下更容易发生变形,即XB1样品对应力更加敏感。在驱替压力作用下,两个样品的变形均表现为向外膨胀,这在一定程度上减小了围压作用在样品上的有效应力,降低了围压对样品渗透性的影响。

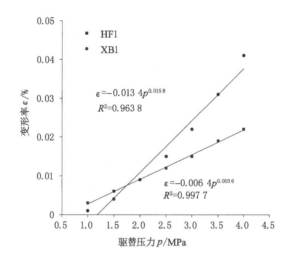

图4-3　氦气驱替过程中样品变形率随驱替压力的变化规律

图4-4反映了氦气驱替过程中出口流量随驱替压力的变化规律,后文中流量如无特殊说明均指瞬时流量。在试验范围内,当出口压力不变时,随驱替压力增大,氦气出口流量整体呈幂指数规律变化。两个样品的出口流量在初始阶段相差不大,随驱替压力的升高,XB1样品的出口流量开始逐渐超过HF1样品。同时,在同样驱替压力条件下,流体流量也随驱替时间的变化而变化。以HF1样品在4 MPa驱替压力为例(图4-5),随驱替时间增加,氦气出口流量呈对数规律变化。

图4-6反映了两个样品渗透率随驱替压力的变化规律。随驱替压力增大,两个样品渗透率的变化与出口流量的变化不同,渗透率随驱替压力增大均呈线性增大趋势。初始阶段两者的渗透率相差不大,但XB1样品渗透率的增加速率要高于HF1样品,随驱替压力继续增大,XB1样品渗透率迅速超过HF1样品。说明XB1样品中贯穿两端的较大裂隙对气体运移具有较大的促进作用;同时,结合扫描电镜图片和CT扫描图片(图4-7)分析,虽然裂隙被矿物充填,但裂隙之间连通性较好,填充物与有机质间存在较小的裂缝,这些均对气体运移具有促进作用。

图4-8反映了两个样品驱替过程中出口流量和渗透率随煤基质变形率的变化规律。从图4-8(a)中可以看出,在试验范围内,两个样品的出口流量均表现出先缓慢增加后快速增加的趋势,整体与幂指数模型拟合较好;在初始阶段,两者出口流量相差不大,但随变形率

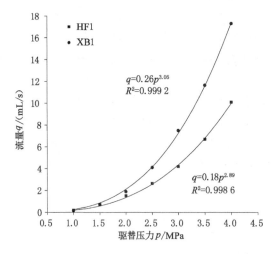

图 4-4 氦气驱替过程中出口流量随驱替压力的变化规律

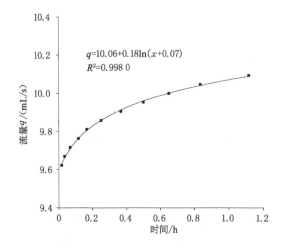

图 4-5 4 MPa 驱替压力作用下流量随时间的变化规律（HF1 样品）

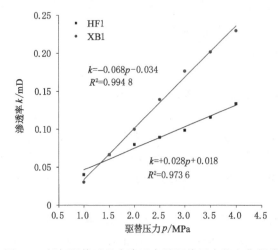

图 4-6 氦气驱替过程中渗透率随驱替压力的变化规律

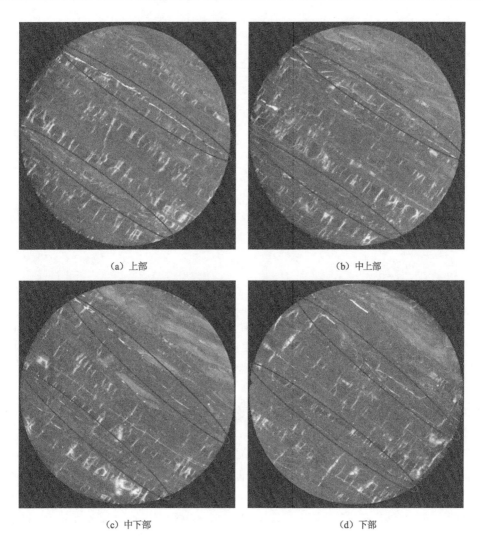

(a) 上部　　　　　　　　　　　　　　(b) 中上部

(c) 中下部　　　　　　　　　　　　　(d) 下部

图 4-7　XB1 样品不同部位 CT 扫描图片

继续增大,XB1 样品的出口流量迅速超过 HF1 样品,该现象与出口流量随驱替压力的变化趋势基本一致。从图 4-8(b)中可以看出,随煤基质变形率的增大,两个样品渗透率整体呈增大趋势,但与渗透率随驱替压力的变化规律和出口流量随煤基质变形率的变化规律均不同。两者渗透率随煤基质变形率的增大,增加速率呈现逐渐减缓的趋势,这说明虽然出口流量随驱替压力的增大而增大,但其与驱替压力的增大量并不成比例,因此导致了渗透率增加速率的变缓,即说明样品的膨胀变形抑制了出口流量和渗透率的增大。驱替压力促进流体运移的正效应起着主导作用,因此样品的出口流量和渗透率随煤基质变形率的增加仍呈现出增大的趋势。

　　综合分析以上试验结果认为,在氦气驱替过程中,驱替压力始终处于主导地位,其作为动力促进了氦气在孔裂隙中的运移,驱替压力越大,促进作用越强;且在同一驱替压力下,驱替时间越长,气体流量越快,气体的渗透率越高。这些现象说明,驱替压力增大了气体在样品孔裂隙中的渗流能力;同时,驱替压力作用下样品产生的膨胀变形对气体渗透率的增

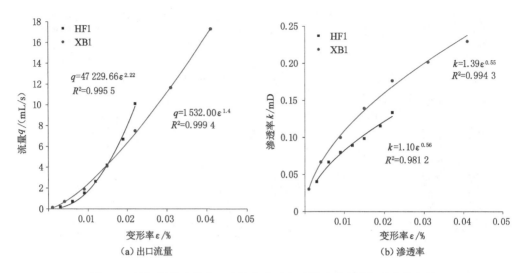

图 4-8　氮气驱替过程出口流量和渗透率随煤基质变形率的变化规律

大具有抑制作用。总之,驱替压力在氮气驱替过程中具有双重作用,主导作用是促进氮气运移的正效应,同时存在间接抑制氮气运移的负效应。这些现象和作者之前研究得出的驱替压力作用所具有的双重性具有很好的一致性(Liu et al.,2017)。

4.4　氮气驱替过程中煤基质变形规律

试验过程中,由于驱替出口一直与外界连通,所用气体量较大,若使用甲烷气体具有较大的危险性,因此本书选用与甲烷吸附性质相似的氮气进行试验。氦气驱替之后,接着进行氮气驱替。氮气驱替不同于氦气,主要因为煤基质对氮气具有一定的吸附作用,其变形不仅有孔隙压力的作用,同时叠加煤基质的吸附变形作用。两者变形规律有所不同,氮气驱替的更加复杂。

4.4.1　试验步骤

氮气驱替过程与氦气驱替过程所用样品一致,步骤连续,是氦气驱替后的接续试验。前四步操作与氦气驱替试验步骤相同,后续步骤如下:

①抽真空。氦气驱替试验后,卸掉气体压力,将氦气气源拆除,接上抽真空装置,对管路和样品抽真空 12 h。

②氮气驱替。抽真空后,关闭所有阀门,将氮气气源接入管路,施加一定压力后,打开阀门,将驱替压力按照 1 MPa、1.5 MPa、2 MPa、2.5 MPa、3MPa、3.5 MPa 和 4 MPa 的顺序依次升高,然后测试在不同氮气驱替压力作用下样品的变形情况。由于氮气具有吸附性,对于煤柱来说,若每个压力点都吸附饱和,则需要很长时间,同时很难保证样品能够支撑那么长时间。鉴于此,将每个压力点的测试时间设计为 12 h 左右,具体时间根据变形情况确定和调整,当样品形变长时间不再变化时,进入下一个压力点。驱替过程中,在出口端安装气体流量计测量出口气体流量,用于计算渗透率。需要说明的是,在 XB1 样品试验过程中,气体压力最大为 3 MPa。

4.4.2 试验结果分析

（1）煤基质变形特征

在氮气驱替过程中，煤基质的变形包含两个部分，一个部分是孔隙压力作用产生的变形，另一个部分是氮气吸附作用产生的变形。对试验结果的处理，理论上需要将氮气吸附变形率减去氦气测试过程中同一压力下的变形率，但在对试验过程研究及试验结果的处理过程中发现，若直接将氮气的吸附变形率减去同压力条件下氦气作用的变形率，试验结果误差较大。这是由于试验过程相对较长，样品在一定的轴压和围压条件下会发生一定的变化，且样品一直处于氮气驱替环境中，在这个过程中煤基质不断吸附氮气，其基本物性参数在不断变化，特别是与变形相关的力学参数发生了变化。其直接影响便是样品在同一孔隙压力作用下，单纯由孔隙压力产生的变形，氮气和氦气两种气体条件下的测试结果不一致。因此，试验结果不能直接减去同压力条件下氦气测试的变形率。

在氦气测试过程中，打开驱替进口阀门后，气体能够很快通过样品，之后在孔隙压力的作用下，煤基质膨胀变形量变化得非常快，且能够很快稳定。同时，从理论上分析，单纯在孔隙压力作用下，不考虑煤基质吸附，煤基质变形也应该变化很快且能够较快稳定。鉴于此，在对试验结果处理的过程中，本书将一定驱替压力下，初始阶段煤基质在短时间内产生的变形认为是孔隙压力作用导致，在计算过程中予以筛除。

根据以上分析，将试验数据处理后，得到 XB1 样品和 HF1 样品在不同氮气驱替压力作用下煤基质变形率随时间的变化规律（图 4-9、图 4-10 和图 4-11）。图 4-9(a) 至图 4-9(e) 为两个样品在驱替压力 1～3 MPa 条件下的变形规律，图 4-9(f) 至图 4-9(g) 为 HF1 样品在驱替压力 3.5 MPa 和 4 MPa 条件下的变形规律。

两个样品的变形率随时间的变化规律整体符合朗缪尔规律。XB1 样品在部分压力点下，仍处于线性变形阶段，但在最后一段时间内变形速率有减缓趋势；XB1 样品的变形率整体高于 HF1 样品，在刚开始的较短时间内，两个样品的变形率基本一致，但在初始线性变化范围内，XB1 样品的变形率依然高于 HF1。

对同一个样品，在每个驱替压力点吸附的初始阶段，吸附变形速率基本一致，但也存在不同。XB1 样品在驱替压力升高至 2.5 MPa 之后，初始阶段的吸附变形速率开始随驱替压力升高而增大（图 4-10）；HF1 样品初始阶段的吸附变形率基本一致，虽然后期有增大趋势，但并不明显（图 4-11）。这反映出在吸附初始阶段，当样品吸附气体量在一定范围内时，样品的吸附变形速率与吸附压力关系不明显。HF1 样品的吸附变形速率相比 XB1 样品的慢，但这并不能说明试验期间 HF1 样品吸附的氮气量就低于 XB1 样品吸附的氮气量，只能说明 HF1 样品吸附的氮气量尚没有达到驱替压力起主导作用的程度，因此在初始线性阶段，其变形速率整体还保持一致；而 XB1 样品后期吸附变形速率逐渐受驱替压力的影响显著，说明 XB1 样品吸附的氮气量已经达到了某个界限，本书称之为自由吸附界限，超过这个界限，样品的吸附变形速率或吸附量开始受驱替压力主导。

之前研究成果也表明（Liu et al.，2017），当吸附甲烷量在一定范围内，连续改变驱替压力时，在不同驱替压力下，吸附速率和驱替压力之间关系不明显（图 4-12）。前人研究成果表明（刘延保等，2010；Meng et al.，2018），样品的吸附变形量和吸附气体量基本成正比，这些现象也从侧面反映出吸附变形量与吸附量之间的关系。

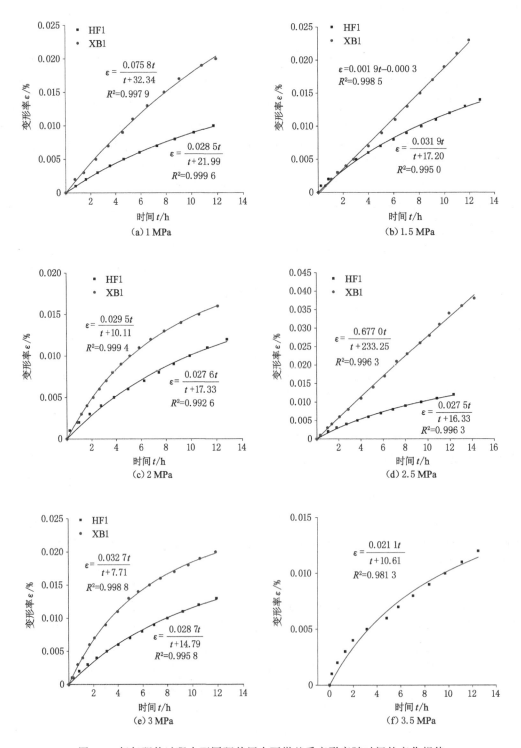

图 4-9　氮气驱替过程中不同驱替压力下煤基质变形率随时间的变化规律

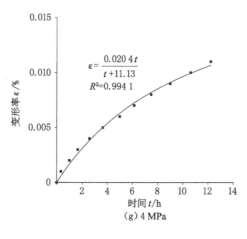

（g）4 MPa

图 4-9（续）

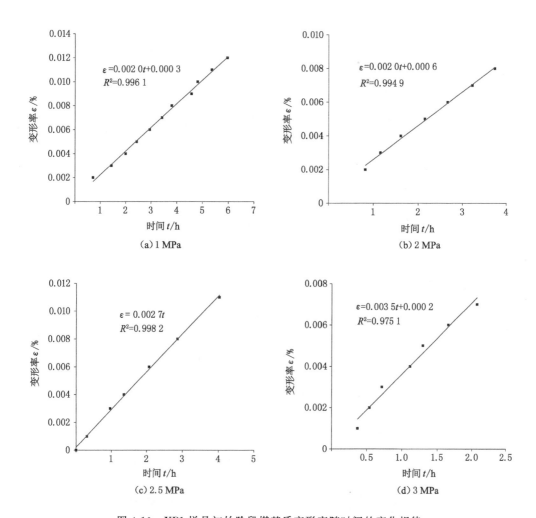

（a）1 MPa

（b）2 MPa

（c）2.5 MPa

（d）3 MPa

图 4-10 XB1 样品初始阶段煤基质变形率随时间的变化规律

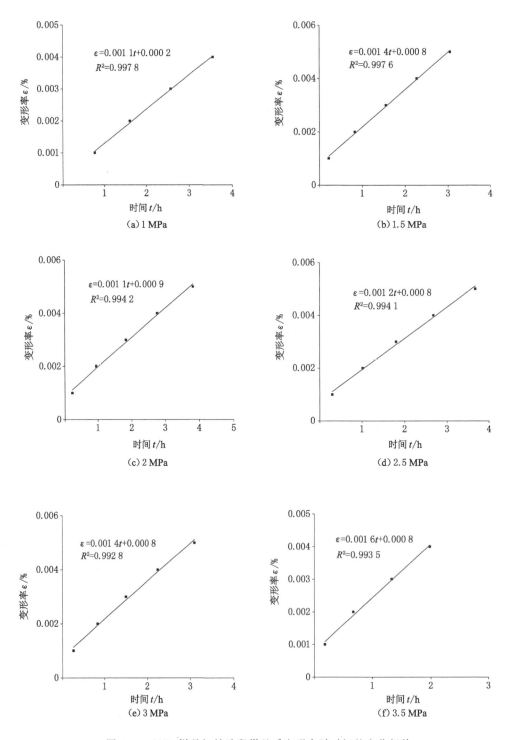

图 4-11　HF1 样品初始阶段煤基质变形率随时间的变化规律

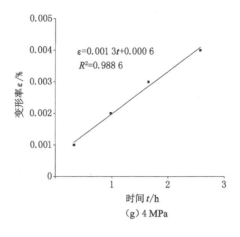

（g）4 MPa

图 4-11（续）

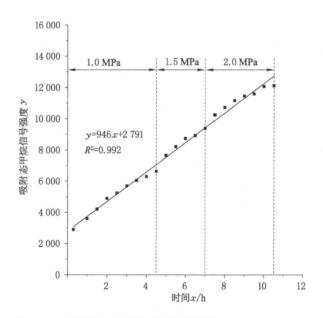

图 4-12 不同压力下吸附态甲烷信号强度（Liu et al.,2017）

图 4-13 为两个样品驱替过程中煤基质变形率随驱替压力的变化规律。图 4-13 显示，煤基质变形率随驱替压力呈线性变化规律，且 XB1 样品变形速率高于 HF1 样品，基本为 2 倍左右，和初始阶段煤基质变形率随时间的变化规律一致。这些现象只代表试验范围内的变化规律。根据相关理论，若将驱替压力进一步提高，经过长时间的驱替，理想情况下，煤基质的变形率随驱替压力的变化也应该符合朗缪尔规律，试验范围仅处于煤基质变形率随驱替压力变化的初始阶段。

（2）渗透率特征

图 4-14 为氦气和氮气驱替过程中，两个样品的出口流量随驱替压力的变化规律。与氦气驱替类似，随驱替压力的提高，氮气出口流量逐渐提高，整体与幂指数趋势符合较好，驱替压力越高，流量提高的速率越快，XB1 样品的出口流量整体高于 HF1 样品；与氦气驱替

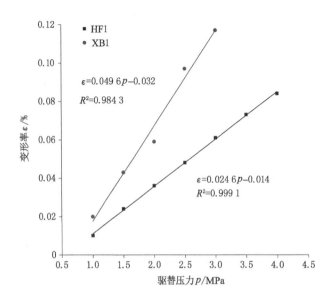

图 4-13　氮气驱替过程中煤基质变形率随驱替压力的变化规律

相比,在氮气驱替初期,出口流量的变化率与氦气驱替初期相差不大,随驱替压力不断升高,氮气驱替过程中出口流量的变化率要低于氦气驱替过程,这在渗透率相对较低的 HF1 样品中表现得较为明显,且随驱替压力升高,流量变化率差异逐渐变大。

　　在同一驱替压力下,与氦气作用下的流量变化不同,氮气驱替过程中流体流量随驱替时间的增加并非呈逐渐增加的趋势,而是在整个过程中呈波动变化的规律(图 4-15),这说明随驱替压力增大,吸附量增加,吸附膨胀量随之增大。这些现象均从侧面反映出煤基质吸附膨胀对气体运移的抑制作用。

　　图 4-16 所示为样品渗透率随驱替压力的变化规律。与氦气驱替类似,随氮气驱替压力增大,样品渗透率逐渐升高,整体趋势与指数或线性模型均拟合较好,XB1 样品渗透率的增加速率大于 HF1 样品[图 4-16(c)]。与氦气驱替过程相比,氮气能够在煤基质表面吸附,进而导致煤基质吸附膨胀,从而抑制渗透率的增大。试验结果显示,随驱替压力增加,渗透率并没有降低,而是逐渐增大,这说明在氮气驱替过程中,驱替压力对渗透率的正效应超过了吸附膨胀对渗透率的负效应。若仅考虑驱替压力对流体运移的促进作用,那么氮气驱替过程中,渗透率应该和氦气驱替过程中相当甚至高于氦气,这在氮气驱替的初始阶段表现较为明显。特别是对渗透率较大的 XB1 样品,在驱替过程中,氮气渗透率始终大于氦气渗透率,说明在此阶段,驱替压力对渗透率的正效应占据主导地位;对于渗透率相对较低的 HF1 样品,在驱替过程中,在 1.5 MPa 驱替压力之前,氮气驱替过程的渗透率高于氦气驱替过程的渗透率,但随驱替压力升高,氮气驱替过程的渗透率远低于氦气驱替过程的渗透率。从图 4-16(a)和图 4-16(b)中渗透率的变化趋势也可以看出,随驱替压力增大,氮气驱替过程的渗透率变化率要低于氦气驱替过程的渗透率变化率,降低了一半左右,最终氦气驱替过程的渗透率会超过氮气驱替过程的渗透率。以上结果直接反映出吸附膨胀对煤基质渗透率的抑制作用。

　　氮气驱替过程中,两个样品出口流量随煤基质变形率的变化规律如图 4-17 所示。两个

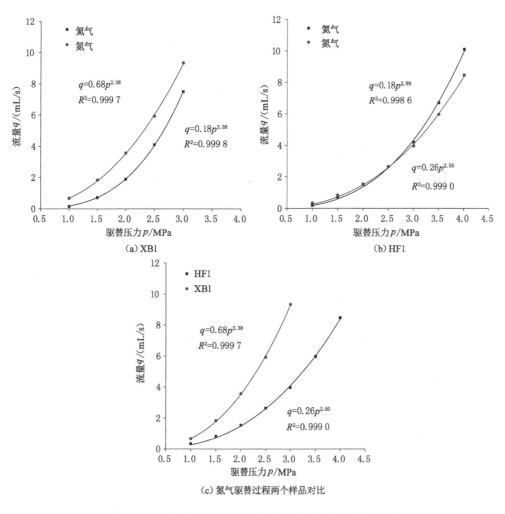

（a）XB1　　　　　　　　　　　　　（b）HF1

（c）氮气驱替过程两个样品对比

图 4-14　气体驱替过程中出口流量随驱替压力的变化规律

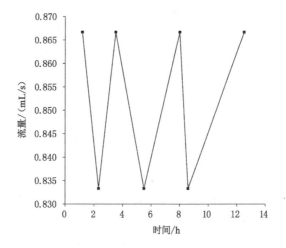

图 4-15　1.5 MPa 下流量随时间的变化规律（HF1）

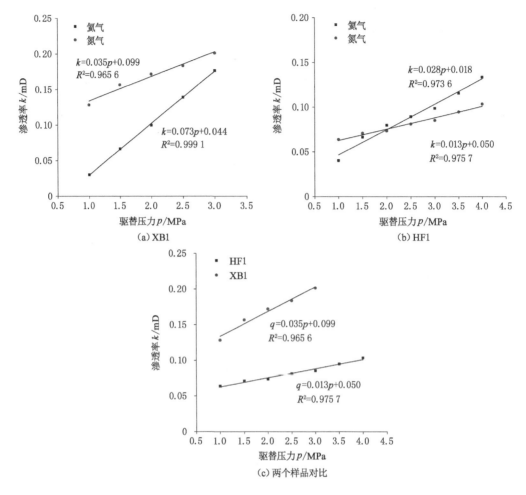

图 4-16　氮气驱替过程中渗透率随驱替压力的变化规律

样品的出口流量随煤基质变形率的变化趋势与氦气驱替过程中的变化趋势一致,在试验范围内,均呈幂指数关系。在煤基质变形初始阶段,两者出口流量相差不大,随煤基质变形率继续增大,渗透率较高的 XB1 样品的出口流量逐渐超过渗透率较低的 HF1 样品的出口流量。从后期变化速率来看,HF1 样品的变化速率要高于 XB1 样品的,这主要是由于驱替压力的作用,当将驱替压力限制在同一范围内时(如 2.5 MPa),两者出口流量随煤基质变形率的变化速率基本一致[图 4-17(c)];与氦气驱替过程相比,氮气驱替过程中,出口流量随煤基质变形率的增加速率要远低于氦气驱替过程中的增加速率,这显示出煤基质吸附膨胀对流体流量增大的抑制作用。

图 4-18 显示了两个样品渗透率随煤基质变形率的变化规律。在试验范围内,氦气驱替过程中,两个样品渗透率整体呈线性增大,后期有变缓的趋势;与氦气驱替过程相比,氮气驱替过程中,两者渗透率随煤基质变形率的变化速率要缓慢许多,两种气体渗透率的对比进一步说明了煤基质吸附膨胀对样品渗透率的影响作用相当显著。虽然两个样品的渗透率差别较大,在氮气驱替过程中,渗透率随煤基质变形率的变化速率与氦气驱替过程仍有着较大差异,但该过程中两个样品渗透率随煤基质变形率的变化速率尚基本一致;XB1 样

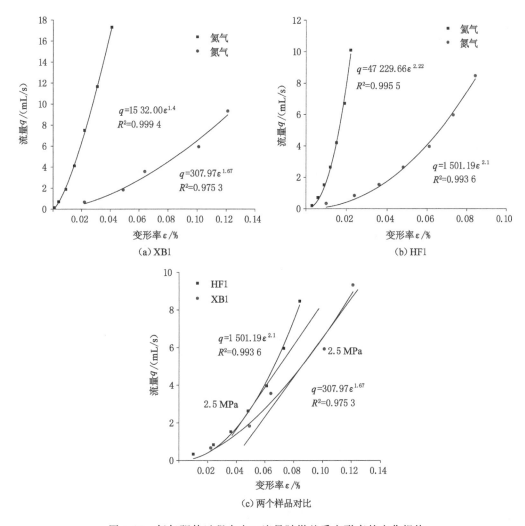

图 4-17　氮气驱替过程中出口流量随煤基质变形率的变化规律

品的渗透率较高,其变形率也较高,HF1 样品的渗透率较低,其变形率也较低;这种变化规律与同一驱替压力范围内,出口流量随煤基质变形率的变化速率具有较好的一致性。同时说明,样品的吸附变形率不但与吸附能力有关,与渗透率关系也较密切;渗透率高,有利于气体与煤基质表面充分接触。这些作用综合导致两种样品渗透率随煤基质变形率的变化速率基本一致。

综合以上试验结果及分析可得,气体驱替过程中,在初始阶段,当样品气体吸附量在一定范围内时,煤基质变形率的变化速率与驱替压力关系不明显,随吸附气体量增加,驱替压力的作用开始逐渐显现。驱替压力具有"一正两负"三重作用,一是促进样品中气体运移的正效应,二是单纯孔隙压力产生的煤基质变形导致的气体运移负效应,三是促进气体在煤基质表面吸附产生的吸附膨胀变形导致的气体运移负效应。在氮气驱替过程中,主要是第一种和第三种效应,气体流量和渗透率的变化是三种效应综合作用的结果,在试验范围内,驱替压力的正效应占据着主导作用;吸附膨胀负效应还与样品渗透率有关,当渗透率较大,

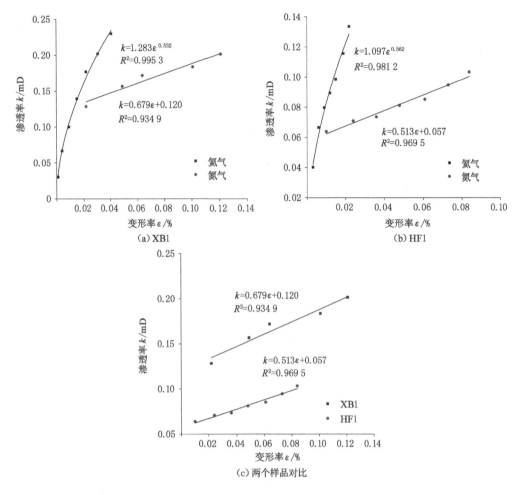

图 4-18 氮气驱替过程中渗透率随煤基质变形率的变化

且在低压条件下时,吸附膨胀效应不明显,但随渗透率的降低和压力的升高,驱替压力导致的吸附膨胀对气体运移的负效应表现得越来越明显,这也说明低渗储层的渗透率对外部变化更加敏感。

试验过程中,出口端压力始终是大气压,因此驱替压力可以看作驱替压差,也相当于煤层气排采过程中的井底压差。这说明,在煤层气排采过程中,井底压差一方面促进着煤层气的运移,同时促进了部分游离态气体的吸附,最后表现出来的作用为两者的综合效应。在排采过程中,井底压差的控制至关重要,在产气过程中,气体黏度低,前期煤层气的吸附/解吸和压差关系不大,此时井底压差不宜过高,当后续解吸气体供应充足时,可以适当提高井底压差,从而有利于气体的快速运移产出。

4.5 水驱替过程中煤基质变形规律

水和气虽然同为煤储层中的流体,但两者性质相差较大,在驱替过程中主要表现在两种流体的运移能力上。气体的黏度比水的小,在通道中运移相对更为容易,水驱替试验受煤样渗透率的影响更大,直接决定了试验的效果(Liu et al.,2017),这使得水驱替试验比气驱替试验执行起来更加困难。水驱替过程中除了利用重庆大学自主研制的 THM-3 型含瓦斯煤热流固耦合试验系统外,为了将轴向变形和径向变形进行对比,还利用了英国生产的GDS 试验系统(图 4-19),通过设备中预留的孔,将应变片从设备中通过导线引出,利用外接的应变仪可测试水驱替过程中样品轴向和径向的微应变。

图 4-19　GDS 试验系统

4.5.1　试验步骤

水驱替过程的试验步骤如下:

① 样品准备及装样。水驱替前先将样品做干燥处理,其他操作与气驱替过程相同。GDS 试验系统的不同之处在于对样品变形的测量,由于没有径向和轴向引伸计,试验中利用四个应变片测量变形。在样品对称的两个面上分别沿轴向和径向各贴上两个应变片,接头通过导线引出,连接外接应变仪(图 4-20)。

图 4-20　样品准备过程

② 轴压和围压加载。先将样品轴向与压头接触,给一定的轴向压力,然后给样品施加围压至 5 MPa,同时施加轴压至 5 MPa。

③ 水驱。先将水驱管路用水充填,然后将水驱管线接入驱替管路,将水驱替压力按照 1 MPa、1.5 MPa、2 MPa、2.5 MPa、3MPa、3.5 MPa 和 4 MPa 的顺序依次升高。

4.5.2 试验结果分析

试验开始阶段,为了使试验前后的数据具有一定的可对比性,试验设计中尽量选用同一个样品。因此,在水驱替试验过程中首先使用的是 XB1 样品。但在试验过程中,由于样品破坏,同时其他样品裂隙不发育,渗透率较低,气体驱替过程中流量极小,低压时在出口处基本测试不到流量,水驱替试验更难进行,后续试验更换为 HF 煤样。试验时,HF 样品同样经常断裂(图 4-21),断裂形式各种各样,壁面和端面存在裂隙的,一般的断裂形式如图 4-21(a)和图 4-21(b)所示;若没有较大裂隙或裂隙不发育,会出现图 4-21(c)所示的断裂形式,极大增加了水驱试验难度。经过多次试验,驱替压力达到了 3 MPa。

图 4-21　水驱替过程中样品断裂现象

（1）煤基质变形特征

试验所用样品编号为 HF2，试验结果分析如下：

水驱替过程中，在各驱替压力下，获得的煤基质变形率随时间的变化规律如图 4-22 所示。从该图中可以看出，水驱替过程中，煤基质变形率随时间的变化整体符合朗缪尔规律，这与氮气驱替过程中煤基质变形率的变化规律一致；从每个驱替压力点下的变形率来看，煤基质变形率与氮气驱替过程中的变化规律截然不同，氮气驱替过程中，从开始到最后，每个压力点下的煤基质变形率都相差不大，而水驱替过程中，驱替初期 1 MPa 驱替压力下的煤基质变形率要远高于后续压力点下的煤基质变形率，反映出样品初期吸水速率非常快。

每个驱替压力点的初始阶段，煤基质变形率随时间的变化规律如图 4-23 所示。与氮气驱替过程相比，水驱替过程中煤基质变形率具有不同特征。在水驱替初期阶段，即 1 MPa 驱替压力下，煤基质变形率随时间的变化速率明显高于后面几个压力点初始阶段；驱替压力从 1.5 MPa 到 2.5 MPa 的初始阶段，煤基质变形率随时间的变化速率基本一致，数值上比驱替压力 1 MPa 时降低了一半以上；驱替压力达到 3 MPa 之后，初始阶段煤基质变形率随时间的变化速率又降低了将近一半。这种变化规律与氮气驱替过程恰好相反。

由氮气驱替过程可知，每个压力点初始阶段煤基质变形率随时间变化的速率基本稳定或者随驱替压力的升高而增大。但水驱替过程中，每个压力点初始阶段煤基质变形率随时间的变化速率不但没有维持稳定，而且快速降低。这说明水驱替初期阶段样品与水之间的作用强烈，随驱替时间增加，即便升高驱替压力，样品对水的容纳能已经接近饱和。如在 3 MPa 的驱替压力下，经过 2 h 之后，煤基质变形率就已经变得非常缓慢了，每变化一个点大概需要 1 h，这说明样品对水的容纳能力已接近饱和状态。

煤基质变形率随驱替压力的变化规律如图 4-24 所示。在试验范围内，煤基质变形率随驱替压力呈线性变化，若驱替压力能够继续增大，推测随着样品中水量的逐渐饱和，煤基质变形率随驱替压力的变化将符合朗缪尔规律。

根据上面分析可知，水驱替过程中，煤基质变形率主要和样品中含水量相关。由图 4-25 可以看出，在各驱替压力下，煤基质变形率随注水量的增加而增大，整体呈线性变化趋势，说明在水驱替过程中，注入的水大部分赋存在样品中，虽然出口有少量水流出，但与吸附的水量相比较少。图 4-25(f) 显示了水驱替过程中煤基质累计变形率随总注水量的变化规律。随注水量增加，煤基质累计变化率逐渐增大，变化速率逐渐减缓，这也说明在前期，注入的水基本都吸附在样品中；驱替后期，随样品中水的逐渐饱和，注入的水大部分从出口流出，因此在后期随大量水的注入，煤基质变形率增加缓慢，说明后期样品已接近饱水状态。

对于干燥样品，水从出口出来需要较长时间，且进水量和出水量均非常小，在驱替过程中，利用泵进行注水，注入的水量能够精确记录，但由于出口流量非常小，出口的出水量测定有一定的难度，精度难以保证，因此本书根据水从出口流出后在一定时间内滴下的水量来估算样品中的含水饱和度。煤基质累计变形率随煤中含水饱和度的变化规律如图 4-26 所示。随含水饱和度增大，煤基质变形率整体呈线性增加趋势。初始阶段，在水没有从出口出来之前，注入的水就相当于样品中的含水量，此时样品的含水饱和度已经接近一半，说明驱替初期，有大量的水进入样品，后期水进入样品的速度大幅度减缓。从各压力点下煤基质变形率随注入量的变化规律也可看出，其变化速率从驱替初期的 1 MPa 到最后的 3 MPa，基本上呈成倍降低的特点。

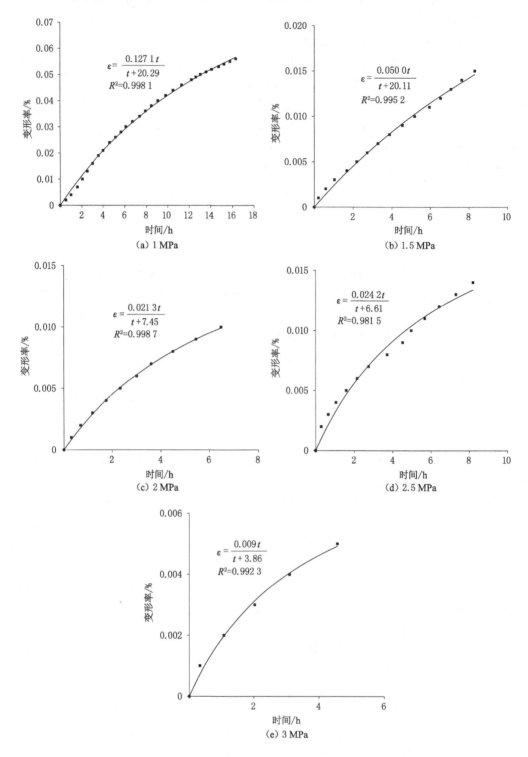

图 4-22 水驱替过程中煤基质变形率随时间的变化规律
（ε 表示变形率，t 表示时间，R 表示相关系数；下同）

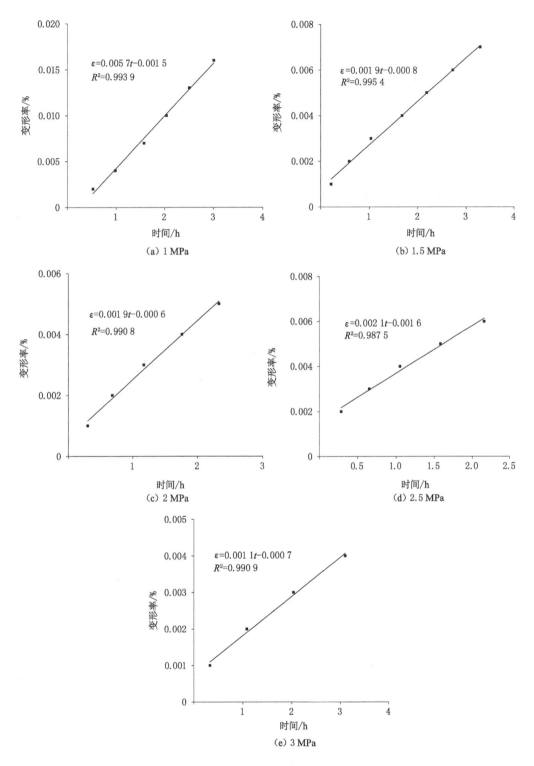

图 4-23 水驱替过程中各压力点初始阶段煤基质变形率随时间的变化规律

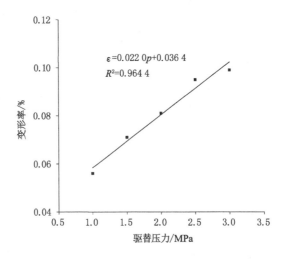

图 4-24　水驱替过程中煤基质变形率随驱替压力的变化规律

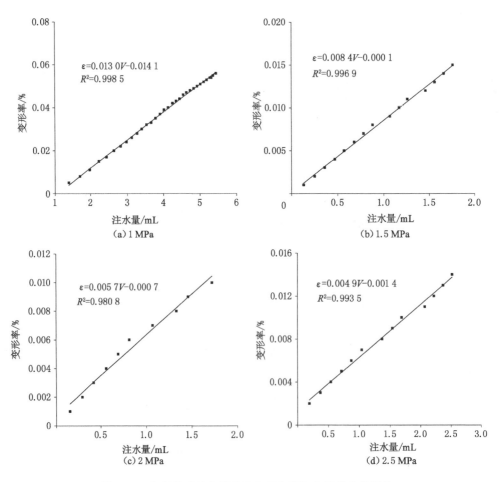

图 4-25　水驱替过程中煤基质变形率随注水量的变化规律

（V 表示注水量，下同）

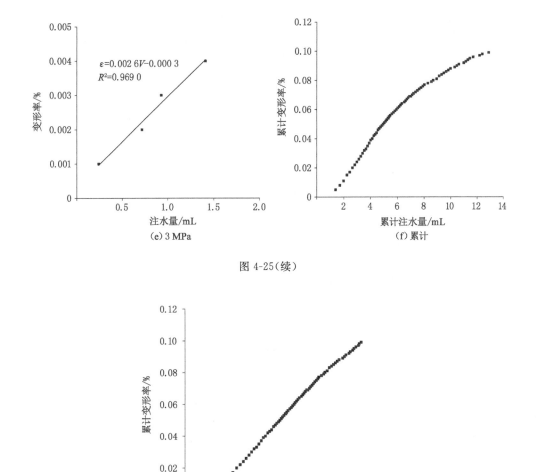

$\varepsilon=0.002\,6V-0.000\,3$
$R^2=0.969\,0$

(e) 3 MPa

(f) 累计

图 4-25(续)

图 4-26 水驱替过程中煤基质变形率随含水饱和度的变化规律

（2）渗透率特征

水驱替与气驱替试验结果存在显著差异，那么，流量和渗透率是否也存在显著差异，需要进一步研究。在研究渗透率之前，首先应分析流量的变化规律。

图 4-27 为水驱替过程中两个驱替压力点下流量随时间的变化规律。在 1 MPa 驱替压力条件下，当水没有通过样品时，流量随时间增加，逐渐呈下降趋势，变化速率先快速降低后缓慢降低。水通过样品后，如在 1.5 MPa 驱替压力下，流量随时间的变化规律[图 4-27(b)]显示，随时间的增加，水的流量缓慢下降，到后期，除了刚升高驱替压力的一段时间流量有所变化外，之后趋于稳定。这是由于试验时间较短，且后期样品中含水饱和度已相对较高。在初期，样品快速吸水阶段，随吸水量增加，煤基质变形率快速增加，导致样品中的孔裂隙被压缩变形，加之水的黏度高，从而阻碍了水在通道中的运移。虽然在同一驱替压力条件下，水的流量随时间增加呈下降趋势，但随驱替压力的增大，水的流量依然整体呈升高趋势（图 4-28），说明

驱替压力增大促进了水在样品孔裂隙中的运移。在 2.5 MPa 之前,流量与驱替压力的线性关系很好,当驱替压力升高到 3 MPa 之后,此时样品已经基本吸附饱和,流量变化速率增大,与其饱和度随时间的变化趋势基本一致。

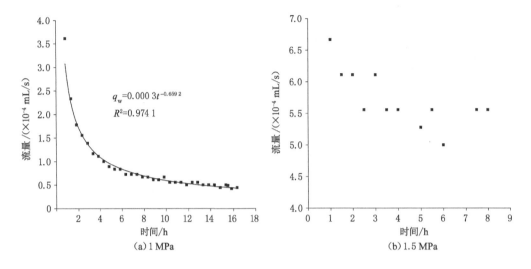

（a）1 MPa （b）1.5 MPa

图 4-27　水驱替过程中流量随时间的变化规律

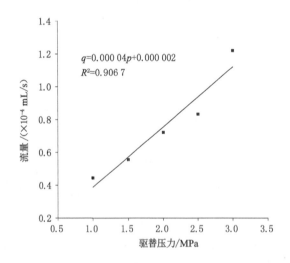

图 4-28　水驱替过程中流量随驱替压力的变化规律
（q 表示流量,p 表示驱替压力;下同）

　　图 4-29 反映了驱替过程中样品渗透率随驱替压力的变化规律。与流量随驱替压力的变化相反,渗透率随驱替压力的增大呈先降低后升高的趋势,说明流量的增大远远滞后于驱替压力的增加。驱替压力在 2.5 MPa 之前,渗透率随驱替压力增加逐渐降低,之后,渗透率随驱替压力增加开始升高,同样说明此时样品已经基本吸附饱和。以上现象说明,在前期煤基质变形导致的渗透率降低占据绝对优势,随含水饱和度的升高,驱替压力的正效应开始逐渐显现,到后期样品接近饱和水状态时,驱替压力的正效应占据主导地位,样品渗透率开始逐渐提高。

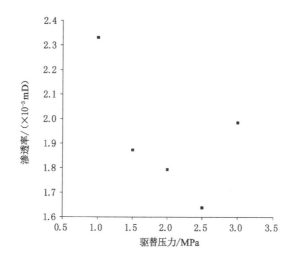

图 4-29　水驱替过程中渗透率随驱替压力的变化规律

　　为了进一步验证驱替过程中煤基质轴向变形率和径向变形率的关系,说明上文注水过程应变变化特征非偶然因素导致,本书利用 GDS 试验系统和外接应变仪测试了水驱替过程中轴向和径向微应变的变化趋势。同时为验证注水过程径向应变、轴向应变和体积应变的变化特征是否一致,在同样围压和轴压条件下,利用不同煤柱,驱替压力从 0.5 MPa 开始,按照 0.5 MPa 的间隔依次升高至 3 MPa,通过应变片再次测量了注水过程径向应变和轴向应变,并据此计算了体积应变。试验中所用样品编号为 HF3。应变片和实际产生的位移关系不明确,因此无法换算为具体的轴向和径向位移,仅用微应变进行表示(图 4-30)。从图 4-30 中可看出,注水过程径向应变、轴向应变和体积应变具有相似的变化特征,且煤体的应变变化特征与前文注水过程一致,均为注入初期,煤体应变快速变化,0.5 MPa 注入时间仅为总注入时间的 20% 左右,但其应变约占总应变的 70% 以上,后续变化逐渐缓慢直至稳定。这反映出煤体对水的吸附速度在注入初期非常快,远高于后期的吸附速率。

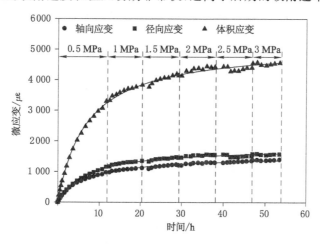

图 4-30　注水过程中微应变随时间变化的规律

以变化较为明显的前两个压力点为例进行说明,试验过程中应变片所测轴向和径向微应变随时间的变化规律如图 4-31 所示。从该图中可以看出,煤基质的轴向微应变和径向微应变变化趋势一致,轴向微应变整体上低于径向微应变,样品是顺层理方向钻取,也就是说,垂直层理方向的变形要高于平行层理方向的变形。在驱替初期,径向微应变和轴向微应变相差不大,随驱替时间的增加,径向微应变逐渐高于轴向微应变,并且差距越来越大;驱替初期,在 0.5 MPa 驱替压力下,煤基质变形增加速度也非常快,且远高于后续驱替压力下的变形,变形规律与样品 HF2 水驱替过程中的变化规律一致。这进一步说明初期煤基质变形和驱替压力关系不密切。

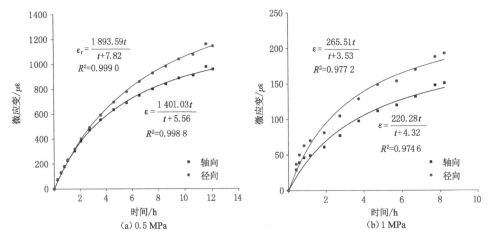

图 4-31　水驱替过程中轴向和径向微应变随时间的变化规律

水驱试验对样品的加载时间长,应变片能否支撑这么长时间? 会不会对试验结果产生较大的影响? 针对这些疑问,为了更好地确认试验过程中应变片的性能,以防止由于应变片自身原因产生的变化误差,试验后将围压从 5 MPa 升高至 6 MPa,升高过程中轴向和径向微应变的变化规律如图 4-32 所示。在升高围压过程中,轴向微应变不断膨胀变形,径向微应变不断收缩变形,且径向微应变高于轴向微应变,这些现象均与三轴试验过程中应变片所测变化规律一致,说明试验中轴向和径向微应变的变化规律是可靠的。

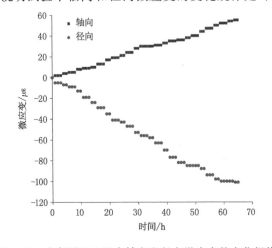

图 4-32　升高围压过程中轴向和径向微应变的变化规律

从以上试验结果和分析中可以看出,在煤层气井产水阶段,煤基质变形率变化较快,且变化量较大,此时,排采的速率至关重要。在排水初期,排采速率不能太高,后期随着水的排出,排采速率可以适当提高。

4.6 气水驱替过程中煤基质变形规律及与渗透率关系

在氮气和水两种不同性质的流体驱替过程中,很多参数的变化存在差异。与氮气驱替过程相比,水驱替过程中流量随驱替压力的变化趋势一致;但在同一压力下,流量随时间的变化趋势不同。氮气驱替过程中,同一压力点下,流量随驱替时间增加有增大趋势或呈波动状变化;而水驱替过程中,同一压力点下,流量随驱替时间增加有下降趋势或呈波动状变化,且在水驱初期,流量随驱替时间增加呈快速下降趋势。水驱替过程中各驱替压力下初始阶段煤基质变形率的变化特征和氮气驱替过程也不同,在初期,煤基质变形率明显高于后续驱替压力下的煤基质变形率,后续驱替压力下的煤基质变形率逐渐降低;而氮气驱替过程中,各驱替压力下的初始阶段,煤基质变形率随时间的变化速率基本一致,或者表现出随驱替压力增加而逐渐增大的趋势。对于渗透率的变化,两者出现了截然相反的变化趋势,水驱替过程中,渗透率主要呈降低的趋势,只有在驱替后期含水量接近饱和时,渗透率才有所提高;而氮气驱替过程中,渗透率始终呈逐渐增大的趋势,这主要是由于水的黏度大,在通道中的运移比较困难,且水产生的煤基质膨胀变形率要大于氮气产生的煤基质膨胀变形率,样品吸水导致的运移通道阻塞,对水运移的影响相比气体在此方面的影响要大得多,这是水驱替试验比气驱替试验成功率低的重要原因之一。

4.6.1 煤基质变形规律对比分析

在试验范围内,注入氦气、氮气和水的过程中,煤体累计径向应变随驱替压力的变化规律如图 4-33 所示。在试验范围内,煤体吸水应变随驱替压力的变化符合朗缪尔规律,注入氦气和氮气过程中的煤体径向应变随驱替压力变化符合线性规律。同时,注水过程径向应变明显高于注氮气过程,注氮气过程径向应变又明显高于注氦气的。在围压一定的条件下,增大驱替压力,相当于增大了孔隙压力,即随孔隙压力增大,煤体径向应变不断增大,说明在无吸附条件下,孔隙压力也会产生应变;注入的吸附性气体和水,还能促进煤体对气体和水的吸附应变。

图 4-34 反映了注氮气和注水过程中各驱替压力初期(约 4 h 以内),径向应变率随驱替压力的变化规律。在各驱替压力初期,虽然注氮气和注水径向应变随注入时间的变化均基本呈线性,但注氮气和注水过程的径向应变率变化趋势完全不同。注氮气过程中,在各驱替压力初期,径向应变率基本保持不变;而在注水过程中,在各驱替压力初期,径向应变率不断降低,驱替压力在 1 MPa 到 1.5 MPa 之间变化最大,径向应变率降低了约 2/3;从 1.5 MPa 到 2.5 MPa,径向应变率变化不大,相对较为稳定;从 2.5 MPa 到 3 MPa,径向应变率再次降低了约 1/2。同时,根据水通过样品前泵注的含水量,可得不同时刻样品含水饱和度的变化,累计变形率随含水饱和度变化基本呈线性(图 4-26),前人研究表明,样品应变量与吸附量呈正相关关系(Fry et al.,2009)。由此说明,在注水开始时,煤样吸水速率非常快,之后会稳定一段时间,2.5 MPa 到 3 MPa 径向应变突然降低,说明此时样品已接近饱和

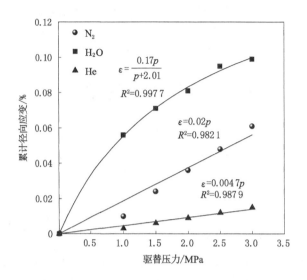

图 4-33　累计径向应变随驱替压力的变化规律

状态,应变速率变化放缓。此外,1 MPa 驱替压力下,注水过程的径向应变率远高于注气过程的,说明煤体吸附水的速度要远高于吸附氮气的速度,即煤体的亲水能力强于氮气。到注水后期煤体已接近水饱和状态,而在同样的驱替压力下,注入时间更长的氮气,尚未达到饱和状态,这也反映煤体具有较强的亲水能力。

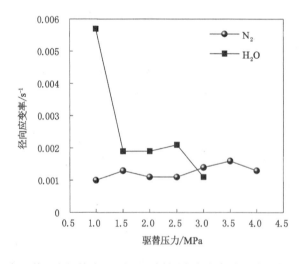

图 4-34　各驱替压力初始阶段(约 4 h 内)径向应变率随驱替压力的变化规律

　　根据以上分析,注水过程中煤体应变规律与注氮气过程中的相差较大,根据前文研究,在注气初期存在自由吸附界限,在这一界限内,吸附速率和应变速率与驱替压力或孔隙压力关系不明显(Liu et al.,2020),推测这一界限与含气饱和度相关(Liu et al.,2020),但尚未进行验证。那么注水过程是否如此呢?为进一步研究注水初期该煤体吸水的特征,本书对比了注水过程和不加压真空饱水过程中,样品含水饱和度的变化规律(图 4-35)。从该图中可看出,样品含水饱和度随时间增加,变化速率逐渐减缓;在含水饱和度小于 50% 时,含水饱和度增加速率非常大,仅用了约 16 h,且在不同条件下,样品含水饱和度随时间的变化趋势基本一致。说明当含水饱和度在一定范围内时,样品含水饱和度的变化与压力关系不明显,主要原因是样品自身的快速吸水;同时,对比图 4-22 和图 4-30 中注水过程煤体应变特征可知,虽然起始驱替压力不同(分别为 0.5 MPa 和 1 MPa),但煤体的应变速度均非常快,这从侧面说明注水初期,煤体的吸水速率与驱替压力关系不明显。由此可知,在饱水初期,也存在一个自由吸附界限,对本煤样来说,这个界限约在含水饱和度为 50% 时出现。但在后续阶段中,在驱替压力作用下的样品含水饱和度随时间的增加速率,明显高于不加压真空条件下样品含水饱和度随时间的增加速率,从含水饱和度 50% 增加到 100%,不加压真空饱水约需 200 h,说明后期仅靠样品自身的吸水能力较难完成样品饱和,驱替压力在后期可明显增大样品的饱水速度。

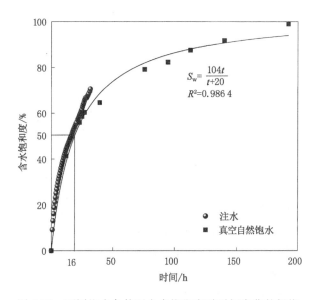

图 4-35　不同饱水条件下含水饱和度随时间变化的规律

之前研究成果说明煤体在吸附气、水的过程中存在一个自由吸附界限,该界限与煤体中气、水饱和度有关,在该界限以内,煤体对气、水的吸附速率或应变速率与孔隙压力关系不明显。反过来说,当煤体的气、水饱和度下降至这一范围时,单纯降低驱替压力很难将其解吸出来。

4.6.2　渗透率变化规律对比分析

图 4-36 反映了气水注入过程中样品渗透率随驱替压力的变化规律。渗透率均为各驱替压力结束时测得的数据,气水渗透率随驱替压力的变化趋势完全不同,氦气和氮气注入过程中,渗透率随驱替压力呈线性变化。注水过程中,渗透率随驱替压力增大呈先降低后升高的趋势,驱替压力在 2.5 MPa 之前,渗透率随驱替压力增加逐渐降低,之后,渗透率随驱替压力增加开始升高。这主要是由于驱替压力增大了孔隙压力,3 MPa 之前,煤体尚未达到饱和状态,孔隙压力促进煤体吸水导致的煤体应变起主导作用;驱替压力升高至 3 MPa 后,样品已接近饱和,煤体应变也不明显,孔隙压力促进孔裂隙中水运移的正效应起

主导作用,因此注水过程中渗透率表现出先降低后增高的趋势。而氦气和氮气注入过程中,孔隙压力对气体运移的促进作用始终处于主导作用,因此,氦气和氮气注入过程中,渗透率始终呈增大趋势。对比氦气、氮气和水注入过程渗透率的变化规律可看出,氦气渗透率随驱替压力的变化要低于氦气渗透率随驱替压力的变化,注水过程渗透率随驱替压力变化甚至产生降低的趋势,这说明煤体吸附变形抑制了渗透率的提高。

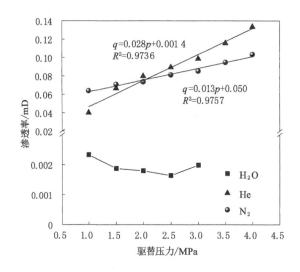

图 4-36 气水注入过程中渗透率随驱替压力的变化规律

图 4-37 更直观地体现了煤体应变对渗透率提高的抑制作用。随径向应变率的增大,氦气、氮气和水注入过程中,渗透率变化趋势明显不同。氦气渗透率随径向应变呈幂指数变化,氮气渗透率随径向应变呈线性变化,由于孔隙压力对气体运移的主导作用,渗透率仍呈升高的趋势;水测渗透率随径向应变先降低后增大。由此可见,相比氮气吸附变形,注水过程孔隙压力导致的煤体吸附变形对渗透率的影响更显著。

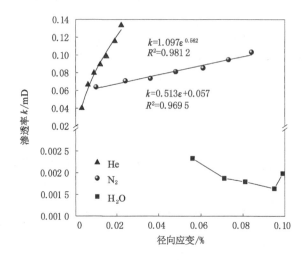

图 4-37 气水注入过程中渗透率随径向应变的变化规律

4.6.3 煤体应变-渗透率-孔隙压力的耦合作用分析

图 4-38 和图 4-39 为前人试验数据,本书借助前人试验数据,结合以上试验结果,对煤体应变-渗透率-孔隙压力的耦合作用进行分析。根据前人试验数据(Wang et al.,2011),6 MPa 围压下,对样品 A,干燥样氦气渗透率随孔隙压力呈线性增大趋势,而甲烷和二氧化碳渗透率随孔隙压力增大呈先降低后增大趋势(图 4-38)。结合本书研究成果可知,对非吸附性氦气和吸附性相对较弱的氮气,孔隙压力对渗透率的提高起促进作用;而对吸附性相对较强的甲烷、二氧化碳和水,孔隙压力导致的吸附应变可能会首先起主导作用,从而造成渗透率降低,后续随孔隙压力增大,孔隙压力对流体运移的促进作用逐渐起主导作用,渗透率开始逐渐提高。总之,在流体注入煤体过程中,渗透率的变化与孔隙压力的作用关系密切,孔隙压力增大的同时,有效应力降低,为流体运移提供了动力,同时,孔隙压力增大促进了流体吸附,导致煤体应变,进而抑制渗透率增大。此过程是这两种作用相互博弈的过程,与煤体对不同流体的吸附能力有关,同时与煤体自身的渗透率关系密切。

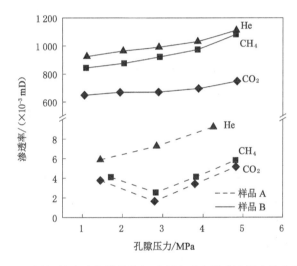

图 4-38 不同初始渗透率样品注气过程渗透率随孔隙压力的变化规律

图 4-38 反映了两种具有不同渗透率的煤样利用三种气体测试得出的煤体渗透率随孔隙压力的变化规律(Wang et al.,2011)。从图 4-38 中可看出,在相同围压条件下,两个样品渗透率随孔隙压力的变化趋势并不完全一致。综合前文研究可知,这主要是由于煤体初始渗透率不同所致。对相对高渗样品,煤体吸附应变对渗透率的影响相对较弱;对相对低渗样品,煤体吸附应变对渗透率的影响相对较强。对非吸附性流体,主要以孔隙压力对流体运移的促进作用为主;对吸附性相对较弱的流体,两种情况都可能以孔隙压力对流体运移的促进作用为主;对吸附性较强的流体,若煤体渗透率足够高,可能始终以孔隙压力对流体运移的促进作用为主(如图 4-38 样品 B),若煤体渗透率相对较低,初期孔隙压力促进流体吸附应变起主导作用的情况下,则渗透率随孔隙压力增大可能表现出先降低后增大的趋势(如图 4-38 样品 A)。

图 4-39 为前人测得的甲烷吸附量和渗透率随孔隙压力的变化(Harpalani et al.,1990),从图 4-39 中可看出,样品的初始渗透率非常低,初始阶段,随吸附量的增大,渗透率快速降

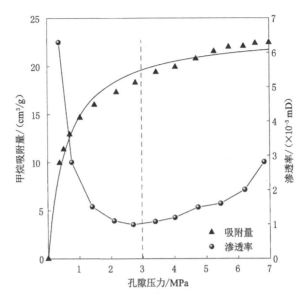

图 4-39 甲烷吸附量和渗透率随孔隙压力的变化规律

低,孔隙压力达到 3 MPa 之后,吸附量接近饱和,渗透率开始逐渐提高。由此可说明,对渗透率较低的样品,初始阶段,孔隙压力产生的吸附应变作用会起主导作用,进而使渗透率降低;当接近吸附饱和时,孔隙压力对气体运移的促进作用开始起主导作用,渗透率开始逐渐提高。

综合以上分析,氮气和水注入过程中,参数的变化既有相似之处,又存在不同之处。在注氮气和注水过程中,煤体应变随时间和压力的变化规律具有相似之处,注入初期均存在一个自由吸附界限。但注水过程中的应变量和初期的应变速率明显高于注氮气过程。对渗透率的变化而言,两者出现了截然相反的变化趋势,注水过程中,渗透率主要呈降低的趋势,在注入后期,含水量接近饱和时,渗透率才有所提高,这主要是由于注水初期孔隙压力导致的吸附应变起主导作用;而注氮气过程中,孔隙压力对气体运移的促进作用始终起主导作用,渗透率始终呈逐渐增大的趋势。由此说明,孔隙压力对煤体渗透率的影响,对不同的流体和不同初始渗透率的煤体差异明显。因此,对具有不同初始渗透率的煤储层,注入增产过程中注入流体的选择至关重要。

4.7 水驱替氮气过程中煤基质变形规律

4.7.1 试验步骤

根据最初的设计,在氮气驱替试验之后进行水驱替氮气试验,所用样品编号为 HF1。氮气驱替后,将气驱管路换为水驱管路,连接前,先将水充满管路,排出管路中的空气。驱替压力按照氮气驱替压力点设计,从 1 MPa 起按照 0.5 MPa 的间隔递增至 4 MPa,测试驱替过程中煤基质变形规律。但在试验过程中,HF1 样品破裂,仅测试得到了 1 MPa 驱替压力下水驱替氮气的试验数据。

4.7.2 试验结果分析

在水驱替氮气过程中,煤基质变形率随时间的变化规律符合朗缪尔规律(图 4-40)。与氮气驱替过程初始阶段煤基质变形率随时间的变化规律对比可知,水驱替氮气初始阶段不但煤基质变形率远高于氮气驱替阶段,而且其随时间的变化速率(图 4-41)也要远高于氮气驱替时煤基质变形率的变化速率,其变化规律与水驱替过程中煤基质的变化规律非常类似。根据前文分析可知,在氮气驱替后期,煤基质变形率随时间的变化速度已经非常缓慢。然而随着水的注入,煤基质变形率又快速增加,说明水的注入,又促进了煤基质的膨胀变形。这反映了水驱替过程对煤基质变形率的影响要大于氮气驱替过程对煤基质变形率的影响,即煤基质和水之间的相互作用要强于煤基质和氮气之间的相互作用。

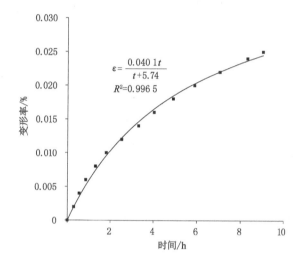

图 4-40 水驱替氮气过程中煤基质变形率随时间的变化规律

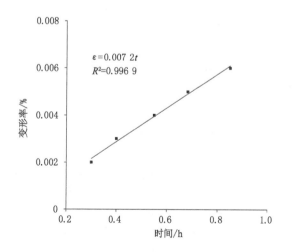

图 4-41 水驱替氮气初始阶段煤基质变形率随时间的变化规律

在水驱替氮气的过程中,只有初始阶段,在出口检测到一股气流,之后均未检测到气流,说明初期在水压力的作用下,运移通道中的气体被驱替出来。水驱替氮气过程中水流量的变化和单纯水驱替过程的变化趋势一致,均随时间增加呈幂指数规律降低(图 4-42),这说明在水驱氮气过程中,水的作用占据着绝对优势,从 1 MPa 驱替压力下得到的各参数变化趋势不难推测,在后续驱替过程中,各参数的变化趋势也将和单独水驱替过程相似。

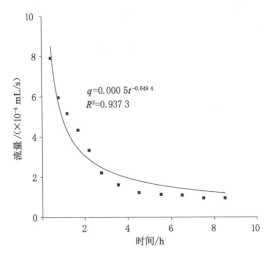

图 4-42　水驱氮气过程流量随时间的变化规律

4.8　氮气驱替水过程中煤基质变形规律

4.8.1　试验步骤

氮气驱替水试验初始设计是在水驱替之后进行的。试验中,由于水驱替过程中样品不断破裂,在多次试验失败后,将样品预先进行真空饱水,然后进行氮气驱替水试验。真空饱水后,样品准备及装样过程同前期试验一致,将氮气驱替压力按照 1 MPa、1.5 MPa、2 MPa、2.5 MPa、3 MPa、3.5 MPa 和 4 MPa 的顺序依次升高,在出口处安装气水分离装置和气体流量计,测试氮气驱替水过程中气体流量变化。氮气驱替水试验所用样品编号为 HF6。

4.8.2　试验结果分析

虽然试验前对样品进行了饱水处理,但在试验过程还是仅测试到了两个驱替压力下的煤基质变形率,后续由于样品破裂未能测得。下面对这两个驱替压力点下煤基质变形率的变化规律进行分析。图 4-43 所示为 1 MPa 和 1.5 MPa 驱替压力下煤基质变形率随时间的变化规律,在这两个驱替压力点下,随时间增加,煤基质变形率均呈线性增加趋势,与单纯氮气驱替过程既具有相似性,又略有不同。氮气驱替水过程中,在试验范围内,煤基质变形率随时间的变化速率放缓的趋势不明显,其变化速率和单纯氮气驱替过程中初始阶段煤基质变形率随时间的变化速率相差不大。图 4-44 为氮气驱替水过程中,两个压力点下出口流量随时间的变化规律,初始阶段流量随时间增加呈逐渐上升趋势,到后期流量逐渐稳定并呈波动变化,这与氮气驱替过程极为相似。

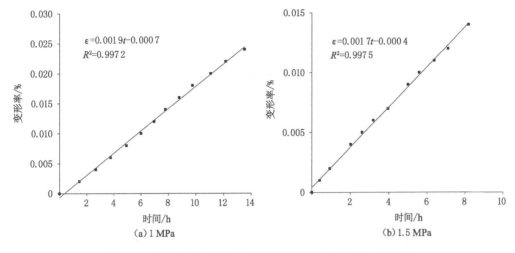

图 4-43 氮气驱替水过程中煤基质变形率随时间的变化规律

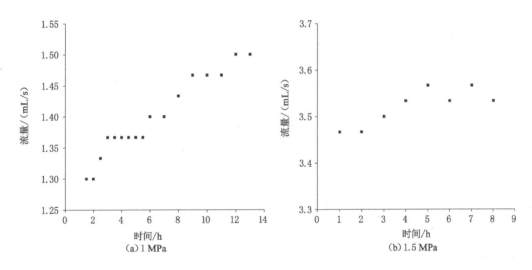

图 4-44 氮气驱水过程气体瞬时流量随时间的变化规律

从以上试验结果可知,氮气驱替水过程中,各参数的变化规律很大程度上都和氮气单独驱替过程一致,但存在部分不同。煤基质变形率随时间的变化基本呈线性增大趋势,这可能存在两方面原因,一方面是氮气在驱替过程中进一步促进了水的吸附,但从其流量变化来分析,这方面所占的比重不大;另一方面,对比 XB1 样品和 HF1 样品氮气单独驱替过程可以发现,试验范围内,在驱替初期,渗透率较高的 XB1 样品煤基质变形率随时间的变化也呈现线性变化趋势,HF6 样品的出口流量远高于 HF1 样品的,与 XB1 样品相差不大,甚至高于 XB1 样品,说明在驱替过程中,孔裂隙越发育,渗透率越高,越有利于煤基质和气体的接触,即同样的时间范围内,能够增加煤基质的变形率和其变化速率。

以上研究表明,在水驱替氮气和氮气驱替水的过程中,各参数的变化规律和单独流体驱替过程中的变化规律一致,与被驱替流体的关系相对较小。据此可推测,在煤层气排采过程中,初期产水阶段的产气量很小,此时煤基质的变化规律主要与水的关系密切;中后期产气阶段,由于产水量非常小,此时煤基质的变化规律主要与气的关系密切。

综上所述,煤基质变形率、煤储层气含量和水含量、流体流量和渗透率等参数为煤储层内部参数,它们相互关联、相互影响。其中气、水含量最终决定煤基质变形率,流体流量、渗透率与煤基质变形和气、水含量相关;反过来,煤基质变形和气、水含量又受流体流量和渗透率的影响。驱替压力是外部调控参数,与流体流量和渗透率相关,影响着气、水含量的变化速率,进而影响煤基质变形率的变化速率。同时,时间是所有变化的主轴线,不起决定性作用,但和所有变化密切相关。

4.9 煤储层压力分压数学模型

4.9.1 数学模型建立

在气水两相流阶段,煤基质的变形是气、水两者的综合作用,气压和水压孰大孰小,以谁为主尚没有明确定论。由于目前试验尚无法在一个小的柱状样中同时设定不同的气压和水压,通过试验获得的也仅为变化初期的线性变形阶段数据,且样品孔渗直接决定着模拟的难易程度及效果。若选用的样品渗透率过小,在驱替过程中,需要很高的驱替压力才能使得流体通过样品。再加上现有设备的限制,在提高驱替压力的同时,必须提高围压,围压的增大,又增大了样品所受的有效应力,导致样品的渗透率进一步降低。由于样品尺寸小,其基质收缩所导致的渗透率增大幅度相对较小,甚至抵消不了有效应力增大导致的渗透率降低幅度,致使流体在其中运移的难度加大,最终造成试验失败。若选用裂隙特别发育的样品,虽然样品渗透率得到了极大提高,但其抗压强度较低,难以承受较大的围压和轴压。特别是在一定的轴压和围压状态下,长时间连续模拟流体产出过程,样品强度也难以保证,可能会突然断裂,导致试验失败。除裂隙的发育程度之外,试验过程还受裂隙的发育方位影响,若裂隙为两个端面的贯通裂隙,在模拟过程中效果往往较好;若裂隙为从其中一个端面斜切壁面的裂隙,也会导致样品断裂,特别是模拟产水过程。鉴于此,根据前人研究成果,结合本书物理模拟试验结果,初步提出了煤储层气、水共存时,储层压力中气压和水压的分压数学模型。

气体在煤基质表面吸附产生的煤基质变形率符合朗缪尔规律,同理,水在煤基质表面也具有类似的吸附特征。基于此,提出以下假设:

① 煤基质表面气体吸附与水吸附只与各自的分压有关。

② 煤基质表面气体吸附和水吸附的整个过程均符合朗缪尔变化规律。

③ 煤基质变形除孔隙压力作用变形外均为气、水吸附变形。

根据以上假设,可得出如下公式:

$$\varepsilon_g = \frac{\varepsilon_{gL} P_g}{P_g + P_{gL}} \tag{4-1}$$

$$\varepsilon_w = \frac{\varepsilon_{wL} P_w}{P_w + P_{wL}} \tag{4-2}$$

$$\varepsilon = \frac{\varepsilon_L P}{P + P_{\varepsilon L}} \tag{4-3}$$

$$\varepsilon = \varepsilon_g + \varepsilon_w \tag{4-4}$$

$$P = P_w + P_g \tag{4-5}$$

式中，ε_g 和 ε_w 分别为气体和水吸附产生的煤基质变形率，P_g 和 P_w 分别为气体和水的分压，P 为总压力，ε_{gL}、ε_{wL} 和 ε_L 分别为气体产生的最大煤基质变形率、水产生的最大煤基质变形率和气水共同产生的最大煤基质变形率，P_{gL}、P_{wL} 和 $P_{\varepsilon L}$ 均为朗缪尔拟合参数。ε 为气和水产生的总煤基质变形率。根据式(4-1)至式(4-5)，理论上能够获得气水共存时气压和水压的数值。

在初始线性阶段，式(4-1)至式(4-3)可改写为：

$$\varepsilon_g = c_g P_g + d_g \tag{4-6}$$

$$\varepsilon_w = c_w P_w + d_w \tag{4-7}$$

$$\varepsilon = cP + d \tag{4-8}$$

式中，c 和 d 分别表示斜率和截距，下标 g 和 w 分别表示气和水，其他参数同上。联立式(4-4)至式(4-8)可得气压和水压的表达式为：

$$P_g = \frac{(c - c_w)P + (d - d_g - d_w)}{c_g - c_w} \tag{4-9}$$

$$P_w = \frac{(c_g - c)P - (d - d_g - d_w)}{c_g - c_w} \tag{4-10}$$

4.9.2 实例分析

现以氮气驱替、水驱替和氮气驱替水为例，进行气压和水压计算。试验范围内，煤基质变形率和驱替压力呈线性关系，由于氮气驱替水过程中只得到两个压力点数据，为保持一致，氮气驱替和水驱替均选用前两个压力点进行公式拟合(图4-45)，分别可得氮气驱替、水驱替和氮气驱替水过程中煤基质变形率随驱替压力的变化规律公式：

$$\varepsilon_g = 0.015\,1P_g - 0.001\,3 \tag{4-11}$$

$$\varepsilon_w = 0.048\,6P_w + 0.001\,9 \tag{4-12}$$

$$\varepsilon = 0.025\,1P - 0.000\,3 \tag{4-13}$$

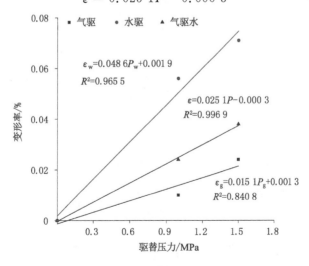

图 4-45　驱替过程中煤基质变形率随驱替压力的变化规律

根据式(4-9)至式(4-13)可获得氮气驱替水过程中,气压和水压的数学模型:

$$P_{\mathrm{g}} = \frac{235P + 9}{335} \qquad (4\text{-}14)$$

$$P_{\mathrm{w}} = \frac{100P - 9}{335} \qquad (4\text{-}15)$$

根据式(4-14)和式(4-15)可得氮气驱替水过程中(气、水共存),不同煤储层压力下的气压和水压(表4-1)。

表 4-1　氮气驱替水过程中不同煤储层压力下的气压和水压

储层压力/MPa	气压/MPa	水压/MPa
1.0	0.73	0.27
1.5	1.08	0.42
2.0	1.43	0.57
2.5	1.78	0.72
3.0	2.13	0.87

从表4-1中可以看出,在氮气驱替水过程中,气压占主导地位,在煤储层压力中比例达到70%以上,水压所占比例较小,与试验结果具有较好的一致性。

4.10　小　　结

分别利用氮气驱替、水驱替、水驱替氮气和氮气驱替水物理试验,模拟了煤层气排采过程中的单相气流阶段、单相水流阶段和气水两相流阶段,研究了不同阶段气、水在煤样中运移时煤基质变形率的变化规律,分析了煤基质变形率与时间、驱替压力、流体含量、流体流量和煤体渗透率之间的相互关系。

煤体吸附氮气和水的应变特征存在差异性,虽然两种应变随时间变化的规律均符合朗缪尔规律,但煤体吸水应变量明显高于煤体吸附氮气的应变量,特别是在氮气和水注入的初始阶段。煤体对水的吸附性远高于氮气,注水初期,主要是煤体自身快速吸水,含水饱和度和吸附应变量迅速增大,存在一个自由吸附界限,这个界限约在含水饱和度为50%时出现,在这个范围内,吸水速率和孔隙压力关系不明显,之后吸水速率受孔隙压力控制。

驱替压力提高能够增大孔隙压力,孔隙压力具有多重作用,既能促进流体运移,又能促进流体吸附,进而产生应变,孔隙压力对煤体渗透率具有显著影响,但关系较为复杂。对非吸附性流体,孔隙压力主要促进流体运移,孔隙压力增大能够提高煤体渗透率;对吸附性流体,孔隙压力不但能够促进流体运移,还能够促进流体吸附,对流体运移的促进作用能够提高煤体渗透率,而对流体吸附的促进作用会抑制渗透率提高。孔隙压力对渗透率的影响与流体类型和煤体初始渗透率具有一定的关系,当煤体初始渗透率足够高时,孔隙压力对流体运移可能主要起促进作用,当煤体初始渗透率相对较低时,孔隙压力对流体运移的促进作用既可能为主导作用,也可能为非主导作用;还跟流体的吸附性强弱有关系,当流体的吸附性较弱时,孔隙压力对流体运移的促进作用可能为主导作用,当流体的吸附性较强时,孔隙压力对流体的吸附应变可能为主导作用。最终表现出来的渗透率变化是多种效应综合作用的结果。

在水驱替气和气驱替水过程中,煤基质变形率以及各参数的变化规律均与驱替流体单独作用时一致,与被驱替流体的变化规律相关性较弱。在驱替过程中,外部调控参数时刻影响着煤储层内部参数的变化。最后,根据驱替过程中煤基质变形机理,初步提出了气、水共存时,煤储层压力中气压和水压的分压理论,构建了煤储层压力分压数学模型,并计算了氮气驱替水过程中的气压和水压。

5 煤层气排采物理模拟过程中储层能量演化机理及排采建议

前人针对煤层气成藏过程提出了煤储层能量系统的概念,认为煤储层能量主要包括煤基质弹性能、水体弹性能和气体弹性能,前者主要是煤基质在地应力作用下变形所致,后两者主要是在压力作用下流体压缩所产生的,与气体弹性能和煤基质弹性能相比,低压下水体弹性能往往较小,可以忽略(吴财芳,2004)。煤储层能量系统理论在煤层气地质选区中得到了有效应用(吴财芳等,2012)。但针对煤层气排采过程中煤储层弹性能变化规律的研究成果至今鲜有报道,且在排采过程中,气、水处于吸附/解吸动态变化之中;同时,吸附/解吸可看作一对可逆过程,可以将煤基质吸附/解吸导致的煤基质膨胀/收缩而产生的能量视为一种弹性能。因此,在排采过程中,煤基质弹性能不仅仅受地应力条件影响,还受煤基质膨胀/收缩变形影响。本书将煤基质吸附膨胀产生的弹性能简称煤基质膨胀变形能,它是煤基质弹性能的一种表现形式;将煤基质弹性能和气体弹性能统称煤储层能量。根据前文研究可知,水对煤基质的影响要大于氮气,氮气驱替水和水驱替氮气的两种过程分别与氮气和水关系密切。鉴于此,本章分别以氮气驱替和水驱替物理模拟为例,揭示煤层气排采过程中气体弹性能和煤基质弹性能的动态变化规律及机理。

5.1 煤层气排采物理模拟过程中气体弹性能演化特征及机理

5.1.1 气体弹性能理论基础

针对煤储层中气体弹性能,前人提出了较多的计算模型,例如煤与瓦斯突出过程的瓦斯膨胀能,即瓦斯突出瞬间所释放的能量。目前,气体弹性能计算方法主要有三种,为了确定其适用性,首先对这三种计算方法进行阐释。

① 基于煤与瓦斯突出过程为绝热过程,时间短暂,来不及进行热交换等假设,推出其相应的计算公式为(朱连山,1985):

$$U_1 = \frac{P_1 V_1}{n-1}\left[\left(\frac{P_2}{P_1}\right)^{\frac{n-1}{n}} - 1\right] \tag{5-1}$$

$$n = \frac{C_P}{C_V} \tag{5-2}$$

式中,U_1 为游离态气体膨胀能,单位为 J/t,代表每吨煤中游离态气体膨胀释放的能量;P_1 和 P_2 分别为突出后气体压力和突出前气体压力,单位均为 Pa,P_1 通常为大气压;V_1 为瓦斯突出中,参与膨胀做功的气体体积,单位为 m³/t;n 为气体的绝热指数;C_P 为气体的定压热容,单位为 kJ/(kg·K),C_v 为气体的定容热容,单位为 kJ/(kg·K)。

② 在第一种方法的基础上,部分学者认为瓦斯突出过程并不是绝热过程,而是一个多变过程,在突出过程中存在大量热交换。基于此,推出的气体膨胀能计算公式为(刘明举等,2001;Li et al.,2020):

$$U_2 = \frac{RT}{\gamma - 1}\left[1 - \left(\frac{P_1}{P_2}\right)^{\frac{\gamma-1}{\gamma}}\right] \tag{5-3}$$

式中,U_2 为游离态气体膨胀能,单位为 J/mol,代表每摩尔游离态气体膨胀所释放的能量;P_1 和 P_2 分别为突出后气体压力和突出前气体压力,单位均为 MPa;T 为突出过程中的绝对温度,单位为 K;γ 为气体的多变指数;R 为摩尔气体常数,取 8.314 J/(mol·K)。

③ 基于以上两种方法,为了研究煤层气成藏过程,进一步改进方案,计算过程按照多变过程处理,分别给出了游离态和吸附态煤层气弹性能的计算方法(吴财芳,2004)。游离态气体弹性能计算公式为:

$$U_{游} = \frac{\beta R T_2 (1 + \alpha\Delta T)(1 - \beta\Delta P)}{\gamma - 1}\frac{P_1}{P_2}\left[1 - \left(\frac{P_2}{P_1}\right)^{\frac{\gamma-1}{\gamma}}\right] \tag{5-4}$$

式中,$U_{游}$ 为游离态气体所具有的弹性能,单位为 J/mol;P_1 为气体状态变化后的压力,P_2 为气体状态变化前的压力,单位均为 MPa;$\Delta P = P_1 - P_2$,表示压力的变化量;T_1 为气体状态变化后的温度,T_2 为气体状态变化前的温度,单位均为 K,$\Delta T = T_1 - T_2$,表示温度的变化量;α 为温度从 T_2 到 T_1 时气体的热膨胀系数,单位为 K^{-1};β 为压力从 P_2 到 P_1 时气体的压缩系数,单位为 MPa^{-1};γ 为多变指数。

在煤层气解吸运移产出过程中,温度变化相对较小,可认为 $\Delta T = 0$,式(5-4)可简化为:

$$U_{游} = \frac{\beta R T_2 (1 - \beta\Delta P)}{\gamma - 1}\frac{P_1}{P_2}\left[1 - \left(\frac{P_2}{P_1}\right)^{\frac{\gamma-1}{\gamma}}\right] \tag{5-5}$$

吸附态气体弹性能可根据一定压力下的气体含量来计算,常采用如下公式计算(周世宁等,1999):

$$V_{吸附} = a\sqrt{P} \tag{5-6}$$

式中,$V_{吸附}$ 为吨煤含气量,单位为 m^3/t;P 为煤储层的流体压力,单位为 MPa;a 为气体含量系数,单位为 $m^3/(t·MPa^{0.5})$。当压力 P 产生微弱下降后,解吸出的气体体积为:

$$dV = \frac{a}{2V_m\sqrt{P}}dP \tag{5-7}$$

式中,V_m 为标准状态条件下气体的摩尔体积,为 22.4×10^{-3} m^3/mol。因此,压力降低 dP 后解吸出来的气体所产生的弹性能为:

$$dU = U_{游}\frac{a}{2V_m\sqrt{P}}dP \tag{5-8}$$

将式(5-5)代入公式(5-8)可得吸附态气体弹性能 $U_{吸}$,其计算公式为:

$$U_{吸} = \int_{P_1}^{P_2}U_{游}\frac{a}{2V_m\sqrt{P}}dP = U_{游}\frac{a}{V_m}\left(\sqrt{P_2} - \sqrt{P_1}\right) \tag{5-9}$$

当温压变化时,煤储层气体弹性能 $U_{气}$ 的公式为:

$$U_{气} = U_{游} + U_{吸} = U_{游}\left[1 + \frac{a}{V_m}\left(\sqrt{P_2} - \sqrt{P_1}\right)\right] \tag{5-10}$$

5.1.2 煤层气排采过程中气体弹性能数学模型构建

煤层气排采模拟过程并非瞬间完成,而是一个较为漫长的过程,可将其看作瓦斯突出过程的慢镜头,在这个过程中,没有煤体的破碎抛出,只有气体的膨胀产出,由于此过程时间较长,将其作为多变过程处理更加合适。计算方法上可选 5.1.1 节中的方法二和方法三,但经分析,方法三计算过程存在如下不妥之处:

① 在煤层气排采过程中,气体是一个膨胀过程,若按照方法三的公式进行计算,由于变化后,压力降低,P_2/P_1 大于 1,$1-(P_2/P_1)^{\frac{\gamma-1}{\gamma}}$ 是负值,结合方法二可以知道,在气体膨胀过程中,该项为变化后和变化前的压力比值。因此,结合方法二,最右边一项可设为 $1-(P_1/P_2)^{\frac{\gamma-1}{\gamma}}$,$P_1$ 和 P_2 分别为变化后气体压力和变化前的气体压力。

② 与方法二相比,方法三相当于考虑了气体的压缩性和膨胀性。从方法二的公式可知,最终得出来的单位为 J/mol,即每摩尔气体释放所产生的能量。而气体的压缩性和膨胀性均是体积的变化,对单位体积气体来说,单纯通过降压或增温的方法使其体积发生改变,其物质的量是不变的。因此,方法三以前后体积的变化量相乘有所不妥。

③ 无论方法二还是方法三,在利用式(5-9)计算吸附态气体弹性能后,得出来的能量单位均是 J/t,即吨煤解吸出来的气体所具有的弹性能,并非是每摩尔气体所具有的弹性能。而由游离态气体弹性能计算出来的能量单位为 J/mol,即每摩尔游离态气体所具有的弹性能,两者的单位不同,代表的含义也不同。因此,对于总气体弹性能,不能将两者简单相加。

虽然煤层气产出过程中,首要的是吸附态气体解吸为游离态气体,但在最终产出过程中,产出的气体始终是游离态,在这个过程中膨胀做功的也为游离态气体。每单位体积或单位摩尔游离态气体膨胀产生的弹性能不受吸附态气体的影响,若不考虑吸附态气体解吸前后的体积变化,那么单位体积吸附态气体所具有的弹性能等于单位体积游离态气体所具有的弹性能。吸附态气体解吸影响的是所有气体能够释放的弹性能,而不影响单位体积游离态气体所释放的弹性能。当然,也可将单位摩尔游离态气体所具有的弹性能转化为 J/t,即吨煤中游离态气体所具有的弹性能;或者将吨煤吸附态气体所具有的弹性能转化为 J/mol,即每摩尔吸附态气体所具有的弹性能,然后再将两者相加,计算总气体弹性能。

根据以上分析,本书利用方法二计算游离态气体弹性能,然后将游离态气体弹性能单位换算为吨煤所含有的游离态气体弹性能,即单位换算为 J/t,最后将游离态气体弹性能和吸附态气体弹性能加和得出总气体弹性能。

吨煤所含有的游离态气体含量可表示为(周世宁等,1999):

$$V_f = B\varphi P \tag{5-11}$$

式中,V_f 为游离态气体含量,单位为 m^3/t;B 为系数,取值为 1,单位为 $m^3/(t \cdot MPa)$;P 为气体压力,单位为 MPa;φ 为煤体孔隙度,取 5.5%。

据此可得吨煤游离态气体弹性能:

$$U_f = \frac{B\varphi P_2}{V_m} U_{f_0} \tag{5-12}$$

$$U_{f_0} = \frac{RT}{\gamma-1}\left[1-\left(\frac{P_1}{P_2}\right)^{\frac{\gamma-1}{\gamma}}\right] \tag{5-13}$$

吨煤吸附态气体弹性能为:

$$U_a = U_{f_0} \int_{P_1}^{P_2} \frac{a}{2V_m \sqrt{P}} \mathrm{d}P = U_{f_0} \frac{a}{V_m} \left(\sqrt{P_2} - \sqrt{P_1} \right) \tag{5-14}$$

那么,吨煤游离态和吸附态气体的总弹性能为:

$$U_t = \frac{B\varphi P_2}{V_m} U_{f_0} + U_{f_0} \frac{a}{V_m} \left(\sqrt{P_2} - \sqrt{P_1} \right) \tag{5-15}$$

式(5-15)可进一步可改写为:

$$U_t = \frac{RT}{V_m(\gamma-1)} \left[1 - \left(\frac{P_1}{P_2} \right)^{\frac{\gamma-1}{\gamma}} \right] \left[B\varphi P_2 + a\left(\sqrt{P_2} - \sqrt{P_1} \right) \right] \tag{5-16}$$

式中,U_{f_0} 和 U_f 均为游离态气体弹性能,单位分别为 J/mol 和 J/t;U_a 为吸附态气体弹性能,单位为 J/t;U_t 为总气体弹性能,单位为 J/t;T 为绝对温度,单位为 K;φ 为煤体孔隙度;V_m 为标准状态条件下气体的摩尔体积,单位为 m^3/mol;a 为气体的含量系数,单位为 $m^3/(t \cdot MPa^{0.5})$;P_1 为气体状态变化后的压力,即出口压力,P_2 为气体状态变化前的压力,即孔隙压力,单位均为 MPa;其他参数同上,各参数取值如表(5-1)所示。将各参数代入式(5-12)、式(5-14)和式(5-16)后即可得到吨煤游离态气体弹性能、吸附态气体弹性能和总气体弹性能。

表 5-1   参数取值表

$R/[J/(mol \cdot K)]$	T/K	$V_m/(m^3/mol)$	$\varphi/\%$	γ	$a/[m^3/(t \cdot MPa^{0.5})]$	$B/[m^3/(t \cdot MPa)]$
8.314	298.15	0.022 4	5.5	1.4	3	1

5.1.3 煤层气排采物理模拟过程中气体弹性能演化特征

以样品 HF1 氮气驱替过程为例,计算分析煤层气排采过程中气体弹性能演化规律。物理模拟过程设定的驱替压力分别为 1 MPa、1.5 MPa、2 MPa、2.5 MPa、3 MPa、3.5 MPa 和 4 MPa,出口端压力均为大气压,取 0.1 MPa。将各参数代入式(5-12)、式(5-14)和式(5-16)可得游离态气体弹性能、吸附态气体弹性能和总气体弹性能随驱替压力变化的规律(表 5-2)(图 5-1)。同时,孔隙压力一般取进出口压力的平均值,根据进出口压力,可估算出相应的孔隙压力(Wang et al.,2021)。当出口压力不变时,各参数随孔隙压力变化的趋势与随驱替压力变化的趋势一致,下文仅就驱替压力展开分析。

表 5-2   不同压力下气体弹性能

P_1/MPa	P_2/MPa	孔隙压力	游离态气体弹性能/(kJ/t)	吸附态气体弹性能/(kJ/t)	总气体弹性能/(kJ/t)
0.1	1.0	0.55	7.3	273.6	280.9
0.1	1.5	0.80	12.3	406.2	418.5
0.1	2.0	1.05	17.5	524.1	541.6
0.1	2.5	1.30	22.9	631.3	654.2
0.1	3.0	1.55	28.4	730.4	758.8
0.1	3.5	1.80	34.0	823.0	857.0
0.1	4.0	2.05	39.6	910.4	950.0

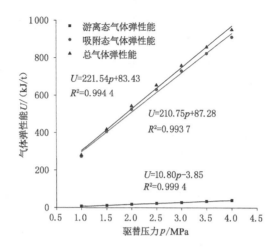

图 5-1　游离态气体弹性能随驱替压力的变化规律

从图 5-1 中可以看出,在出口压力不变的情况下,游离态气体弹性能、吸附态气体弹性能和总气体弹性能均随驱替压力的增加而增大,在试验范围内,整体表现出较好的线性关系。吸附态气体弹性能远高于游离态气体弹性能,吸附态气体弹性能和总气体弹性能的变化趋势一致,这一规律与煤层气以吸附态为主的赋存方式一致。鉴于此,在低压阶段,计算过程中忽略游离态气体弹性能的变化,默认其不会对总气体弹性能产生影响。下文分析中,只分析总气体弹性能与相关参数的关系。

图 5-2 反映了煤基质变形率与气体弹性能的关系。从气体弹性能的计算公式来看,煤基质变形率与气体弹性能之间没有必然关系,但是从前文可知,在气体驱替过程中,驱替压力、渗透率和出口流量均与煤基质变形率密切相关,随驱替压力增加,煤基质变形率增大,驱替压力对煤基质变形具有一定促进作用,煤基质变形率增大,在一定程度上又阻碍了气体的运移,即增大了气体运移的阻力。因此,煤基质变形率与气体弹性能具有明显的间接关系,煤基质变形通过增大气体运移阻力,从而减弱气体弹性能的动力作用。图 5-2 中也显示出,随煤基质变形率增大,气体弹性能增加速率有减缓趋势。

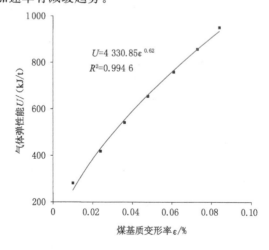

图 5-2　煤基质变形率与气体弹性能的关系

图 5-3 和图 5-4 分别反映了气体流量和渗透率与气体弹性能之间的关系。随气体弹性能的增大,气体流量迅速增大,整体与幂指数模型拟合较好;渗透率也随气体弹性能的增大而增大,整体与指数模型拟合较好。两者速率随气体弹性能的增大均逐渐加快,说明气体弹性能的释放能够加速气体在孔裂隙中的运移,这也是随驱替压力增加,气体渗透率增大的原因之一。根据前文可知,气和水的渗透率并非都随驱替压力增大而增加,水驱替过程中,虽然驱替压力不断增大,但渗透率一直呈现下降趋势,除了煤基质快速膨胀变形之外,还因为水体弹性能在低压下非常小,其释放远不足以抵消由于煤基质快速膨胀变形引起的孔裂隙挤压闭合效应。由于气体的压缩性强,在一定压力下积累的气体弹性能在压力降低后,能够快速得以释放,从而极大促进了气体运移,抵消了煤基质膨胀变形负效应。因此,随驱替压力增加,气体渗透率呈现逐渐增大的趋势。

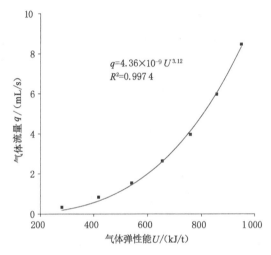

图 5-3　气体流量与气体弹性能的关系

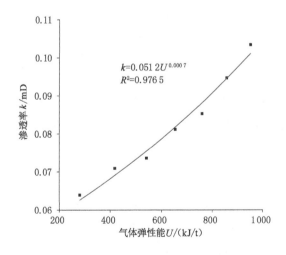

图 5-4　渗透率与气体弹性能的关系

5.2 煤层气排采过程中煤基质弹性能演化特征及机理

5.2.1 煤基质弹性能量化计算的理论基础

许多工程材料都具有一定的弹性,当引起变形的外力在一定范围内时,撤去外力,变形将恢复原状。虽然煤岩为一种非均质体,但当应力在一定范围内时,应力与应变成线性关系,通常认为在这个阶段煤体为线弹性变形,即移去外力后,煤体能够恢复至原状。这里为了方便讨论,均假定煤体是各向同性的,并根据前人对弹性能的研究予以阐述(顿志林等,2003;王光钦等,2015)。

在单轴或三轴试验中,应力与应变之间的线性关系,通常认为符合胡克定律。根据胡克定律,将三个方向上的应力产生的应变进行叠加可得一个方向的总应变,以此类推,可得三个方向应变分量的表达式:

$$\begin{cases} \varepsilon_x = \dfrac{1}{E}\left[\sigma_x - \nu(\sigma_y + \sigma_z)\right] \\[2mm] \varepsilon_y = \dfrac{1}{E}\left[\sigma_y - \nu(\sigma_x + \sigma_z)\right] \\[2mm] \varepsilon_z = \dfrac{1}{E}\left[\sigma_z - \nu(\sigma_x + \sigma_y)\right] \end{cases} \tag{5-17}$$

式中,ε 为应变,σ 为应力,下标分别表示三个不同方向,E 为弹性模量,ν 为泊松比,该式称为广义胡可定律。

这种叠加方法适用于微小变形,只要对应的微小位移对外力的作用影响不显著,这种方法就是合理的。从式(5-17)中可以看出,应力导致的变形主要和材料的弹性模量和泊松比相关。

弹性体受力变形时,外力通常需要做功,与此同时,弹性体内部的能量也发生变化,当撤去外力,弹性体在恢复原状的过程中,要对外做功。这说明外力对弹性体作用而使弹性体变形,外力做的功转变为弹性体内的能量,通常称为弹性体的弹性变形势能或弹性应变能。单位体积内的变形势能叫作应变能密度,通常又称弹性能。

弹性体在变形过程中,实际上是一个热力学过程,符合能量守恒定律,整个系统中,总能量的变化是系统从外界获得的能量及外力对系统做功所致。试验过程假设为一个绝热过程,系统不从外界吸收热量,同时由于样品变形非常小,变形速度也非常小,可以忽略动能的增加,进而可知,系统总能量的增加,主要是内能(弹性能)的增加,它等于外力对样品所做的功。

根据以上分析,为了计算弹性体的弹性能,现作以下简化假定:

① 外力加载过程非常缓慢,可以忽略在外力加载过程中系统动能的变化。

② 整个过程中系统没有热量的流入或流出。

③ 外力所做的功全部变成弹性体的弹性能而储存于弹性体内部。

假设一微元体,在某一时刻,受到应力 σ 的作用,到下一时刻样品产生的应变增量为 $\mathrm{d}\varepsilon$,微元体沿该方向的位移变化为 $\mathrm{d}\varepsilon \mathrm{d}x$,那么应力 σ 在相应位移上所做的功为:

$$dW = \int_0^\varepsilon \sigma dA \cdot d\varepsilon dx = \int_0^\varepsilon \sigma d\varepsilon dV \qquad (5\text{-}18)$$

将应力 σ 做的功比上微元体的体积 dV 后,可得到单位体积内的能量变化(弹性能):

$$\overline{U} = \frac{dW}{dV} = \int_0^\varepsilon \sigma d\varepsilon \qquad (5\text{-}19)$$

式中,$\overline{U}$ 称为弹性能。

对线弹性体,应力 σ 和应变 ε 的关系符合胡克定律:

$$\sigma = E\varepsilon \qquad (5\text{-}20)$$

式中,E 为弹性模量。

在应力-应变图中变现为线性关系(图 5-5)。

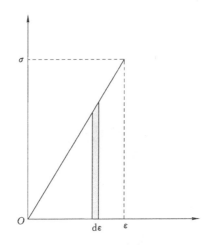

图 5-5 弹性体应力-应变关系

将式(5-20)代入式(5-19)可得弹性能表达式为:

$$\overline{U} = \int_0^\varepsilon \sigma d\varepsilon = \int_0^\varepsilon E\varepsilon d\varepsilon = \frac{1}{2} E\varepsilon^2 = \frac{1}{2}\sigma\varepsilon \qquad (5\text{-}21)$$

对于三向应力状态条件,弹性能可表示为:

$$\overline{U} = \int_0^{\varepsilon_x} \sigma_x d\varepsilon_x + \int_0^{\varepsilon_y} \sigma_y d\varepsilon_y + \int_0^{\varepsilon_z} \sigma_z d\varepsilon_z \qquad (5\text{-}22)$$

对于线弹性体,弹性能可表达为:

$$\overline{U} = \frac{1}{2}(\sigma_x\varepsilon_x + \sigma_y\varepsilon_y + \sigma_z\varepsilon_z) \qquad (5\text{-}23)$$

将式(5-17)代入式(5-23)可得弹性能的应力表达式:

$$\overline{U} = \frac{1}{2E}\left[(\sigma_x^2 + \sigma_y^2 + \sigma_z^2) - 2\nu(\sigma_x\sigma_y + \sigma_y\sigma_z + \sigma_z\sigma_x)\right] \qquad (5\text{-}24)$$

当三向应力相等时,即:$\sigma_x = \sigma_y = \sigma_z = \sigma$ 时,式(5-24)可简化为:

$$\overline{U} = \frac{3\sigma^2}{2E}(1 - 2\nu) \qquad (5\text{-}25)$$

式中,E 为弹性模量,ν 为泊松比。

5.2.2　煤层气排采过程中煤基质弹性能数学模型构建

　　煤层气排采过程中,随气、水产出,煤储层的物理性质发生改变,与此同时,伴随着煤基质弹性能的变化。煤层气排采过程物理模拟是一个动态过程,与静态应力状态不同。在驱替物理模拟过程中,样品除了受静态的轴向应力、径向应力以及孔隙压力作用外,在煤基质吸附流体之后,由于轴向应力和径向应力的约束,煤基质的变形会受到限制,此时,煤基质膨胀变形被约束产生膨胀变形力,该力与样品的物理力学性质和样品在周围压力下的约束变形量相关(王佑安等,1993)。针对这方面的研究较少,现有的研究认为样品膨胀变形力约等于样品的弹性模量与约束变形量的乘积(王佑安等,1993)。根据以上说明,在水驱替物理模拟过程中,样品的受力分析图如图 5-6 所示。

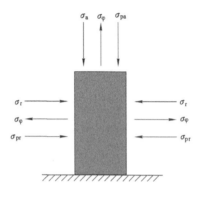

图 5-6　驱替过程中样品受力分析图

　　在图 5-6 中,σ_a 和 σ_r 分别为样品所受的轴向应力和径向应力,σ_φ 为样品所受的孔隙压力,σ_{pa} 和 σ_{pr} 分别为样品所受的轴向膨胀变形应力和径向膨胀变形应力。

　　在驱替过程中,样品受力平衡状态不断被打破。当加载轴压和围压后,样品通过变形达到新的平衡状态;在加载孔隙压力后,样品的平衡状态又被打破,受孔隙压力的作用样品再次通过变形寻求新的平衡点。同理,在样品吸附流体过程中,样品的物理性质发生变化,同时产生吸附膨胀力,那么样品就会不断通过变形来寻求新平衡点。当这个平衡点超过样品的破坏极限时,样品便发生破坏。

　　当样品吸附一定量的水或气后,假设不再吸附,以此来分析吸附前后样品的变化特征。样品吸附水或气前后的弹性模量和泊松比均会发生变化,通过吸附前后这些参数的变化,可以求得在这个过程中样品弹性能的变化,这些弹性能的变化是由于样品受力做功产生的。此过程和三轴试验不同,三轴试验中存在裂缝的形成和样品的破坏,弹性能会发生耗散,驱替过程中这些耗散均可忽略不计。本书所模拟的气或水产出过程,均处于样品弹性变形阶段,可以将样品视作弹性体。根据弹性力学相关理论,在不考虑整个过程中的其他能量耗散的情况下,煤基质膨胀带来的直接结果就是煤基质弹性能降低。因此,吸附前后两个静态间的弹性能差值就等于驱替过程中在各个力综合作用下因煤基质膨胀变形而产生的弹性能变化量。在物理模拟过程中作用在单位体积样品上的应力所产生的弹性能变化量 ΔU 可表示为:

$$\Delta U = \frac{1}{2}\sigma\varepsilon = \frac{1}{2}(\sigma_\varphi - \sigma_{pa} - \sigma_a)\varepsilon_a + \frac{1}{2}(\sigma_\varphi - \sigma_{ra} - \sigma_r)2\varepsilon_r \tag{5-26}$$

式中,ε_a 和 ε_r 分别为轴向吸附变形量和径向吸附变形量。

　　式(5-26)包含多个参数,轴向变形量和径向变形量的测量相对容易,轴压、围压和孔隙压力都为设定值,轴向吸附膨胀力和径向吸附膨胀力与驱替过程中的力学参数和限制变形量相关,在驱替过程中测量十分困难,将上述参数全部测得难度很大。鉴于此,本书将轴向吸附膨胀力和径向吸附膨胀力所产生的弹性能变化量作为一个整体进行计算,由于初始煤基质膨胀变形能为零,因此其变化量和数值一致,即煤基质膨胀变形能。式(5-26)可整理为:

$$\Delta U = \frac{1}{2}(\sigma_\varphi - \sigma_a)\varepsilon_a + (\sigma_\varphi - \sigma_r)\varepsilon_r - \left(\frac{1}{2}\sigma_{pa}\varepsilon_a + \sigma_{ra}\varepsilon_r \right) \tag{5-27}$$

　　令:

$$\Delta U_p = \frac{1}{2}\sigma_{pa}\varepsilon_a + \sigma_{ra}\varepsilon_r \tag{5-28}$$

$$\Delta U_s = \frac{1}{2}(\sigma_\varphi - \sigma_a)\varepsilon_a + (\sigma_\varphi - \sigma_r)\varepsilon_r \tag{5-29}$$

　　则式(5-27)可表示为:

$$\Delta U = \Delta U_s - \Delta U_p \tag{5-30}$$

式中,ΔU_s 和 ΔU_p 分别代表煤基质膨胀变形能变化量和在轴压、围压及孔隙压力综合作用下因煤基质膨胀所做的功。

　　当 $\sigma_a = \sigma_r = \sigma$ 时,ΔU_s 可表示为:

$$\Delta U_s = \frac{1}{2}(\sigma_\varphi - \sigma)(\varepsilon_a + 2\varepsilon_r) = \frac{1}{2}(\sigma_\varphi - \sigma)\left(\frac{\varepsilon_a}{\varepsilon_r} + 2 \right)\varepsilon_r \tag{5-31}$$

　　根据前文所述,轴向变形量小于径向变形量,在水驱替变形过程中,两个方向的变形量相差不大。根据前文水驱替试验结果,同时为方便计算,将轴向变形量和径向变形量的比值取为 0.8,即 $\varepsilon_a/\varepsilon_r = 0.8$。$\Delta U_s$ 可进一步表示为:

$$\Delta U_s = 1.4\varepsilon_r(\sigma_\varphi - \sigma) \tag{5-32}$$

　　因此,ΔU 可表示为:

$$\Delta U = 1.4\varepsilon_r(\sigma_\varphi - \sigma) - \Delta U_p \tag{5-33}$$

　　根据弹性力学理论,吸附前后两个静态间的煤基质弹性能差值可表示为:

$$\Delta U = \frac{3\sigma^2}{2E_1}(1 - 2\nu_1) - \frac{3\sigma^2}{2E_2}(1 - 2\nu_2) \tag{5-34}$$

　　最终,ΔU_p 可表示为:

$$\Delta U_p = 1.4\varepsilon_r(\sigma_\varphi - \sigma) - \frac{3\sigma^2}{2E_1}(1 - 2\nu_1) + \frac{3\sigma^2}{2E_2}(1 - 2\nu_2) \tag{5-35}$$

式中,E_1 和 E_2 分别为变化后和变化前的弹性模量,ν_1 和 ν_2 分别为变化后和变化前的泊松比。

　　根据以上公式可知,获得煤基质膨胀变形能的关键是求得煤基质弹性能,而获得煤基质弹性能的关键是厘定吸附前后样品的弹性模量和泊松比。下面将针对水驱替过程探讨样品弹性模量和泊松比的获取。

5.2.3　水驱替物理模拟过程中样品弹性模量和泊松比的确定

　　根据前人研究可知(杨永杰,2006),样品在三轴压缩试验过程中,应力-应变关系曲线具

有以下 5 个典型阶段(图 5-7):

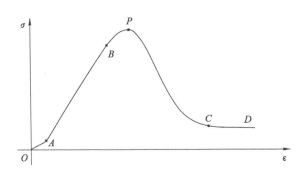

图 5-7　典型的全应力-应变关系曲线

① 压密阶段:图中 OA 阶段。由于样品中含有一定的孔隙和裂隙,当从外部施加一定的应力后,样品内部孔隙和裂隙发生压缩变形,这是初始阶段样品轴向和径向均表现为压缩变形的主要原因。此时的应力-应变关系曲线往往呈非线性变化,在应力-应变关系曲线上表现为下凸型,表示应变的变化速率要高于应力的变化速率,但由于应力-应变关系曲线是从轴压和围压的压差为零处开始计算的,在前期应力的作用下,样品中的孔隙和裂隙已经被压实。因此,在实际的应力-应变关系曲线上,这一阶段表现得并不明显,甚至缺失。

② 表观线弹性变形阶段:图中的 AB 阶段。该阶段样品中的孔隙和裂隙进一步被压缩,样品在轴向应力的作用下产生弹性变形,同时随轴向应力的增加,样品内部开始产生新的裂隙。宏观上,在应力-应变关系曲线上,该阶段表现为线性连续变化;微观上,样品的变形和破裂并非连续的,而是阵发性的,又可进一步细分为弹性变形阶段和微破裂稳定发展阶段。本阶段的变形大部分为可逆变形,卸载轴压后,该部分变形能够完全恢复;同时有小部分不可逆变形,称之为残余变形,这部分变形在轴压卸载之后仍不能恢复。

③ 加速非弹性变形阶段:图中 BP 阶段。该阶段样品中微破裂进一步发展,其产生的应力集中效应更加显著,首先在样品最薄弱的部分产生破坏,样品中的应力重新分布,产生新的破裂,如此循环往复,最终导致样品整体破裂,变形从压缩变为扩容,应力-应变关系曲线上的最高点 P 点称为样品的峰值应力或者破裂压力。

④ 破裂及其发展阶段:图中 PC 阶段。随着裂隙的快速发展,样品中形成宏观破裂面,样品的承载能力迅速降低。

⑤ 塑性流动阶段:图中 CD 阶段。该阶段样品达到破碎的残余强度。

本书试验过程始终处于表观线弹性变形阶段,并未达到后续阶段。

利用三轴试验计算样品弹性模量的方法通常有以下三种。

a. 取破裂压力 σ_P 一半处的切线模量为弹性模量,即

$$E = \left(\frac{\mathrm{d}\sigma}{\mathrm{d}\varepsilon} \right)_{\sigma = \frac{1}{2}\sigma_P} \tag{5-36}$$

b. 取破裂压力 σ_P 一半处的割线模量为弹性模量,即

$$E = \left(\frac{\sigma}{\varepsilon} \right)_{\sigma = \frac{1}{2}\sigma_P} \tag{5-37}$$

c. 取弹性变形阶段中近似于直线段的平均模量,即弹性阶段应力-应变关系曲线直线

段的斜率。

第一种计算方法涉及应力和应变的比值较小,难以把握其精度,通常应用较少;常用的为第二种和第三种方法。第二种方法主要取决于破裂压力一半时的应变,数值上受初始阶段的影响显著,对于样品,这种方法所得弹性模量偏差较大,且对不同样品来说,其离散性也较大。第三种方法受试验条件的影响相对较小,利用弹性阶段直线段的平均模量作为样品的弹性模量相对更为合理。

在三轴测试中,泊松比的确定,通常采用0.5倍最大主应力差处所对应的轴向应变和径向应变的比值。

考虑样品的非均质性非常强,所选样品又很难保证物性参数的一致性,用不同含水量的样品来获取样品的力学参数有一定的难度。本书驱替试验不同于常规三轴力学试验,在试验过程中不可能直接将样品压破。鉴于此,本书开始并未采用该方法,而是尝试了其他方法,进行了大量尝试,探讨分析如下。

为了尽可能多地获得驱替过程中样品的力学参数,驱替试验后,按照同样的方法,重新模拟驱替过程。与之不同的是,在试验过程中,每隔一定时间对样品进行一次加卸载试验,将加载轴压最大值设置在样品的弹性范围内,最大轴压控制在抗压强度的一半左右,达到最大轴压后,卸压至试验压力,继续进行水驱试验,如此往复。

所有加载阶段应力-应变关系曲线均为线性关系,说明加载的最大轴向应力尚处于弹性变形阶段。前人研究认为循环加卸载对样品的弹性模量和泊松比均有一定影响,往往会使弹性模量升高,但其研究主要针对同一状态下的样品进行加卸载试验,且加载轴压相对较高,而在驱替过程中循环测试样品的力学参数研究较少。在本书试验过程中,一方面轴向压力加载不高;另一方面,样品含水量在不断升高。含水量对样品力学参数的影响和循环加卸载相比,是否具有绝对优势,循环加卸载效应在其中的影响到底能否忽略,这些均不清楚。因此,本书开展专门试验,探讨在驱替过程中采用循环加卸载测试力学参数的可行性。

试验后,弹性模量按照应力-应变关系曲线直线段的斜率计算;由于试验过程中并未达到试样的破裂压力,最大主应力差值也仅为估计值,泊松比的计算无法在主应力差值的一半处取值。理论上,对于弹性体,其泊松比随应力的变化应该为一常数,鉴于此,本书泊松比采用轴向应变和径向应变随应力变化相对较为稳定阶段的值。

相关测试结果如图5-8所示。整体上,随注水量的增加,弹性模量呈下降趋势,而泊松比呈上升趋势。在初始阶段,样品弹性模量随注水量增加呈上升趋势,而泊松比呈下降趋势,这可能和初始阶段循环加卸载过程中样品的不断压密有关。说明在初始阶段,含水量相对较低的情况下,循环加卸载占据了主导地位,其对样品力学参数的影响要大于含水量对力学参数的影响;之后,随样品含水量增加,弹性模量和泊松比的变化均不十分明显,这可能是受循环加卸载和含水量的综合影响,两者对样品力学参数的影响相当,该阶段称之为过渡阶段;最后,随含水量继续升高,含水量对样品力学参数的影响超过了循环加卸载对样品力学参数的影响,样品的弹性模量逐渐降低,泊松比逐渐呈上升趋势。从整个试验结果看,虽然后期含水量对样品弹性模量和泊松比的影响占据了主导作用,但整个过程受循环加卸载的影响较大,通过此方法来获得驱替过程中的弹性模量和泊松比的变化规律误差较大。

以上方法没能取得预期的效果。既然循环加卸载对样品弹性模量和泊松比的影响较大,那么在驱替过程中只进行一次加载是否可行呢?从理论上来说,此方法能够获得较为

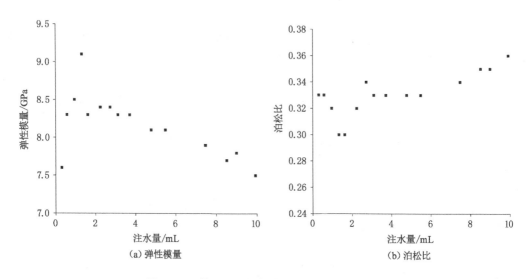

图 5-8　驱替过程中加载阶段力学参数测试结果

准确的弹性模量和泊松比变化规律。本书计划按照不同的驱替压力,每个压力点选用一个样品进行试验,驱替之后,进行加载试验,获取弹性模量和泊松比。但在试验之初就遇到了问题,由于样品的各向异性以及渗透率的差异较大,在驱替过程中,低压下难以将水驱替进样品,有的样品驱替压力甚至达到 4 MPa,依然无法将水注进去。同时,由于样品存在缺陷,试验过程中甚至很小的一个缺口都有可能将热缩管压破导致试验失败。且一个样品的注入时间至少在 10 h 以上,水才可能通过样品,从而使样品整体与水接触。若要获得不同含水量条件下的样品弹性模量和泊松比,样品的注入时间需要不断增加;虽然较高的驱替压力能够促进水的吸附,但由于水的黏度较大,且在驱替的初始阶段,吸附速率与压力的关系并不密切,注入水量的多少和时间关系较大。虽然此方法理论上能够较精确地获得驱替过程中样品弹性模量和泊松比的变化趋势,但势必要耗费大量的时间,且对样品的要求也相对较高,无形之中增加了试验难度。

通过以上试验尝试,分析认为,虽然驱替过程中驱替压力可能会对样品的弹性模量和泊松比产生影响,但驱替压力和时间主要影响样品的含水量,含水量的变化是导致样品弹性模量和泊松比变化的直接原因。因此,可以考虑利用相对保守的试验方法来获取弹性模量和泊松比随含水饱和度的变化趋势,即选用真空饱水的试验方法来获得不同含水饱和度的样品。

该试验方案主要包括以下几个关键部分。

① 样品准备。根据前文试验经验,首先针对样品的长度和裂隙发育情况挑选样品。研究表明,煤样的弹性模量和样品的高径比(轴向长度和直径之比)有关,高径比大,则弹性模量偏大(陈瑜等,2010)。因此,样品长度不能相差太大,要尽可能保持一致,试验所选样品高径比均在 1.9~2.0 之间。此外,样品中不能发育大型裂隙,否则易导致强度相差太大,试验结果可对比性不高。其次,对选好的样品进行处理,由于煤样易碎,在钻取过程中,难免会存在不同大小的缺陷,任何一个小的缺口都可能导致试验失败。在缺口处涂抹硅胶,一定程度上能够缓解围压在缺口处对热缩管的压迫。在试验前,将样品的缺口用硅胶进行填

补,为了尽可能提高成功率,试验装样过程中,在样品的上端和压头之间以及下端和底座之间均通过胶带进行固定,以防两端部分被忽视的小而尖的缺口将热缩管割破。

② 试验前质量称量及饱和水量的确定。试验前,先对样品进行干燥,干燥后称量样品质量,记为 m_0;然后将样品放入真空饱和装置进行抽真空饱水。由于样品的含水饱和度在试验前并不确定,为了确保试验的样品具有不同的含水饱和度,试验用样品并不是同时进行饱和的。首先放入部分样品(其他样品在试验过程中间断放入饱水),抽真空饱和一段时间,取出样品,称量样品质量,称量时,为防止样品表面的浮水被算入,用湿润的纸巾擦拭样品表面,称量质量,记为 m_1。根据所用样品的大致孔隙度估算不同饱和度下大概的含水量,据此使得 m_1 和 m_0 的差值尽可能分布在不同的区间。

③ 三轴力学试验。由于试验时装样时间相对较长,为防止在此过程中样品中水分蒸发,将准备测试的样品称量质量后,迅速用保鲜膜包裹、装样、进行三轴力学试验测试,测试围压与驱替过程中围压一致,均为 5 MPa。为使样品能够再次利用,测试过程中并没有将样品压破,在最大轴压达到 13~15 MPa 之后进行卸压。

④ 试验后饱水及质量称量。三轴力学试验后,将样品取出,除去表面的保鲜膜,重新放入真空饱和水装置中进行抽真空饱水,每隔一定时间,取出样品称量质量,直到连续 12 h 的质量变化小于 0.1 g 为止。此时认为样品已经完全饱水,此时的质量记为 m_2,最终饱水时间均达到 10 d 以上。

试验时样品含水饱和度的确定:

根据试验前后测量的质量,试验时样品含水饱和度可根据以下公式计算得出:

$$S_w = \frac{m_1 - m_0}{m_2 - m_0} \tag{5-38}$$

式中,S_w 为试验时样品的含水饱和度,其他参数同上。

根据上述试验结果,能够获得不同饱和度条件下样品的弹性模量和泊松比(图 5-9)。

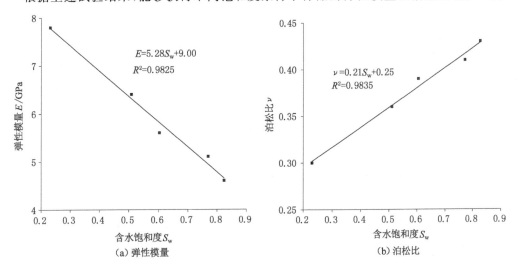

$E = 5.28 S_w + 9.00$
$R^2 = 0.9825$

$\nu = 0.21 S_w + 0.25$
$R^2 = 0.9835$

（a）弹性模量　　（b）泊松比

图 5-9　弹性模量和泊松比随含水饱和度的变化规律

从图 5-9 中可以看出,随含水饱和度的升高,弹性模量呈线性降低趋势,泊松比呈线性增加趋势,整体规律性较强。两者随含水饱和度的变化公式如下:

$$E = -5.28S_w + 9 \tag{5-39}$$
$$\nu = 0.21S_w + 0.25 \tag{5-40}$$

在水驱替过程中,样品的含水饱和度随时间和驱替压力的变化而不断变化,根据式(5-39)和式(5-40),可算得不同含水饱和度条件下样品的弹性模量和泊松比,进而根据煤基质弹性能计算公式求得样品在不同含水饱和度条件下的煤基质弹性能。然后根据式(5-35)可求得不同含水饱和度条件下的煤基质膨胀变形能。依据计算结果,可探讨煤层气排采过程中煤基质弹性能变化规律。

5.2.4 煤层气排采物理模拟过程中煤基质弹性能演化特征

以 HF2 样品水驱替过程为例,对煤层气排采过程中煤基质弹性能变化规律进行计算分析。表 5-3 为部分煤基质弹性能和煤基质膨胀变形能计算结果,图 5-10 为 HF2 样品水驱替过程中煤基质弹性能和煤基质膨胀变形能随时间的变化规律。煤基质弹性能随时间的增加而降低,其变化速率呈先慢后快趋势,后续随样品中含水量的饱和,煤基质弹性能将趋于稳定。煤基质膨胀变形能随时间的增加而升高,变化速率呈先快后慢的趋势,随后也逐渐趋于稳定。

表 5-3 部分煤基质弹性能和煤基质膨胀变形能计算结果

时间/h	变形率/%	弹性模量/GPa	泊松比	煤基质弹性能/(kJ/m³)	煤基质膨胀变形能/(kJ/m³)
0.83	0.003	8.52	0.269	2.03	0.12
1.83	0.008	8.15	0.284	1.99	0.36
2.83	0.015	7.88	0.295	1.96	0.72
3.83	0.02	7.67	0.303	1.93	0.97
4.83	0.024	7.50	0.310	1.90	1.17
5.83	0.028	7.35	0.316	1.88	1.37
6.83	0.032	7.22	0.321	1.86	1.57
7.83	0.035	7.09	0.326	1.84	1.72
8.83	0.039	6.98	0.330	1.82	1.93
9.83	0.042	6.86	0.335	1.80	2.08
10.83	0.044	6.76	0.339	1.79	2.17
11.83	0.047	6.67	0.343	1.77	2.32
13.83	0.051	6.52	0.349	1.74	2.52
15.83	0.055	6.38	0.354	1.71	2.71
17.83	0.059	6.22	0.361	1.68	2.88
19.83	0.063	6.08	0.366	1.65	3.05
21.83	0.066	5.95	0.371	1.62	3.17

表 5-3(续)

时间/h	变形率/%	弹性模量/GPa	泊松比	煤基质弹性能/(kJ/m³)	煤基质膨胀变形能/(kJ/m³)
24.83	0.071	5.75	0.379	1.57	3.36
28.83	0.078	5.47	0.390	1.50	3.59
32.83	0.085	5.17	0.402	1.42	3.77
37.83	0.093	4.73	0.420	1.27	3.90
42.33	0.099	4.44	0.431	1.16	3.97

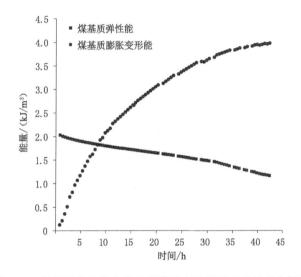

图 5-10　煤基质弹性能和煤基质膨胀变形能随时间的变化规律
（HF2 样品水驱替过程）

图 5-11 为煤基质弹性能随含水饱和度的变化规律。随含水饱和度升高,煤基质弹性能呈下降趋势,且下降的速率逐渐加快。在较短时间内,煤基质弹性能随含水饱和度的变化符合线性规律,初始在 1 MPa 压力下,样品的含水饱和度变化最大,随含水饱和度升高,煤基质弹性能以含水饱和度 30% 为界分为两段,含水饱和度在 30%～50% 之间的煤基质弹性能变化速率要大于含水饱和度小于 30% 时的煤基质弹性能变化速率。虽然前期含水饱和度变化快,但是后期煤基质弹性能变化快。煤基质弹性能是煤基质变形的整体体现,后期煤基质累计变形率高,含水饱和度高,样品的弹性模量和泊松比变化相对也大,即前期的积累导致了后期的快速变化。

煤基质膨胀变形能随含水饱和度的升高逐渐增大,变化速率先快后慢(图 5-12),与煤基质弹性能随含水饱和度的变化趋势相反。煤基质弹性能主要由弹性模量和泊松比决定,随含水量增加,两者的变化越来越大,从而导致煤基质弹性能不断降低。而煤基质膨胀变形能主要由煤基质膨胀变形产生,与煤基质变形率密切相关。从前文分析可知,煤基质变形率随含水饱和度的升高逐渐增大,随着样品中含水量逐渐趋于饱和,煤基质变形速率逐渐降低,直至饱和后稳定,因此煤基质膨胀变形能最终也将趋于稳定。

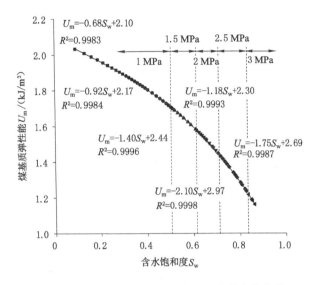

图 5-11　煤基质弹性能随含水饱和度的变化规律

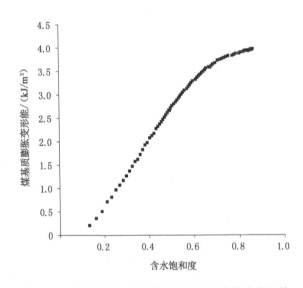

图 5-12　煤基质膨胀变形能随含水饱和度的变化规律

图 5-13 和图 5-14 分别为煤基质弹性能和煤基质膨胀变形能随煤基质变形率的变化规律。从这两幅图中可以看出，随煤基质变形率增加，煤基质弹性能逐渐降低，初始阶段，煤基质弹性能的变化速率较为缓慢，随煤基质变形率继续增加，煤基质弹性能快速降低。这主要是由于煤基质变形率的变化影响了样品弹性模量和泊松比的变化，进而导致煤基质弹性能发生变化。煤基质膨胀变形能随煤基质变形率的增大呈增大趋势，前期一定范围内两者呈较好的线性关系，后期随样品含水饱和度继续增大，煤基质变形率缓慢增大。这主要是由于样品力学性质不断发生改变，从而导致煤基质膨胀变形能随煤基质变形率的变化逐渐变缓，并最终趋于稳定。

图 5-15 反映了煤基质弹性能和煤基质膨胀变形能的关系。随煤基质膨胀变形能增大，

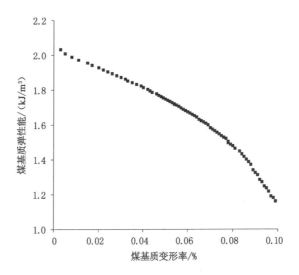

图 5-13 煤基质弹性能随煤基质变形率的变化规律

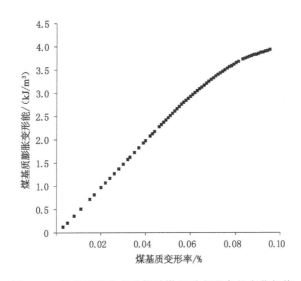

图 5-14 煤基质膨胀变形能随煤基质变形率的变化规律

煤基质弹性能逐渐降低,变化速率先慢后快,到后期快速降低,说明由于前期的积累,后期含水量的增加和煤基质变形的程度对煤基质弹性能的影响显著增大。这些现象在加卸载测试样品力学参数过程中也有所反映,前期样品力学参数受加卸载作用的主导;后期随含水量增加,样品中水对力学参数的影响占据了主导地位,说明随样品含水量增大,样品力学参数的变化越来越大,从而导致了后期煤基质弹性能的快速变化。

图 5-16 反映了煤基质弹性能和煤基质膨胀变形能随驱替压力变化的规律。随驱替压力增加,煤基质弹性能逐渐降低,煤基质膨胀变形能逐渐升高,最终两者均逐渐趋于稳定。驱替压力主要通过煤基质变形来影响煤基质弹性能和煤基质膨胀变形能,其自身与煤基质弹性能和煤基质膨胀变形能之间没有必然联系。在煤层气排采过程中,驱替压力相当于井底压差,随着水的逐渐排出,煤基质发生收缩变形,适当的井底压差能够促进这种作用,从

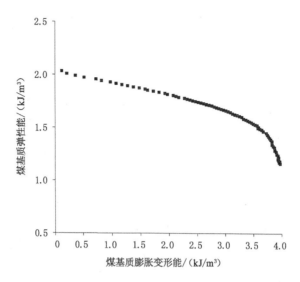

图 5-15　煤基质弹性能与煤基质膨胀变形能的关系

而使煤基质弹性能升高。当井底压差超过一定值后,其负效应将会显现,从而导致煤基质弹性能降低。因此,井底压差是外部调控关键参数,主要通过影响排采过程中煤基质变形来控制煤基质弹性能和煤基质膨胀变形能的变化。

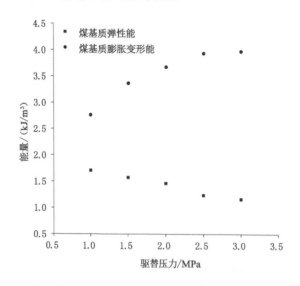

图 5-16　煤基质弹性能和煤基质膨胀变形能随驱替压力变化的规律

图 5-17 反映了 1 MPa 驱替压力驱替过程后期,水通过样品后,渗透率随煤基质弹性能和煤基质膨胀变形能的变化趋势。渗透率随煤基质弹性能的增大呈增加趋势,随煤基质膨胀变形能的增大呈降低趋势。

煤层气排采过程中,流量随煤基质弹性能和膨胀变形能的变化趋势与渗透率一致(图 5-18)。

煤基质膨胀变形能由煤基质吸附膨胀变形产生,在煤层气排采过程中,随气、水产出,

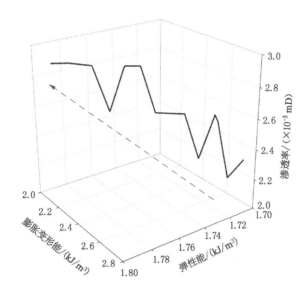

图 5-17　渗透率随煤基质弹性能和膨胀变形能的变化趋势

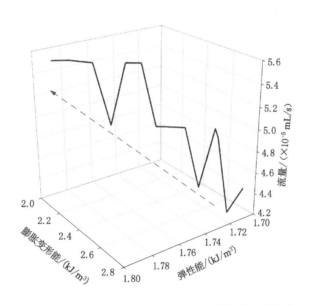

图 5-18　流量随煤基质弹性能和膨胀变形能的变化趋势

煤基质膨胀变形能开始变为煤基质收缩变形能,即煤基质膨胀变形能开始降低,煤基质弹性能开始升高,不断在煤基质中聚集,使煤基质的弹性越来越强,也即煤基质的抱团能力越来越强,煤体的抗压性和抗拉性得到提高,煤基质抵抗外界应力的作用越来越强,同时煤体的可破碎性降低,通道中的破碎煤粒减少,通道中煤粉堵塞概率降低,进而能够促进流体在煤体中的运移。

　　图 5-19 和图 5-20 分别反映了不同驱替压力下,渗透率随煤基质弹性能和煤基质膨胀变形能的变化趋势。随煤基质弹性能的降低和煤基质膨胀变形能的增大,渗透率呈先降低后增大的趋势,这与同一驱替压力作用下渗透率随两者的变化趋势有所不同。

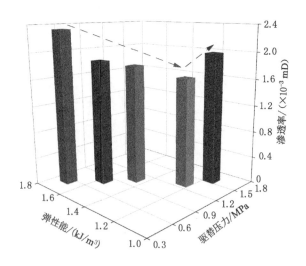

图 5-19 不同驱替压力下渗透率随煤基质弹性能的变化趋势

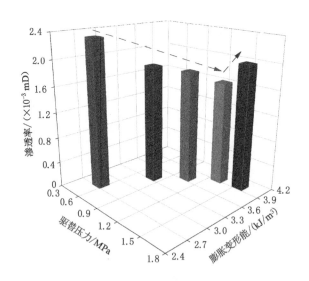

图 5-20 不同驱替压力下渗透率随煤基质膨胀变形能的变化趋势

这些变化规律均与驱替压力和煤基质变形相关,前期随煤基质变形增加,煤基质膨胀能增大,煤基质弹性能降低,渗透率降低;后期随样品含水量接近饱和,驱替压力作用占据主导地位,煤基质变形率变化缓慢,虽然煤基质膨胀变形能继续增大,煤基质弹性能继续降低,但渗透率开始逐渐升高。这种现象在流量随煤基质弹性能和煤基质膨胀变形能的变化趋势中反映得特别明显(图 5-21 和图 5-22)。在不同驱替压力下,驱替压力对流量的控制优势明显,流量始终随驱替压力的增大而升高,且变化速度越来越快,因此导致在不同驱替压力作用下,流量随煤基质弹性能的增大而降低,随煤基质膨胀变形能的增大而升高。

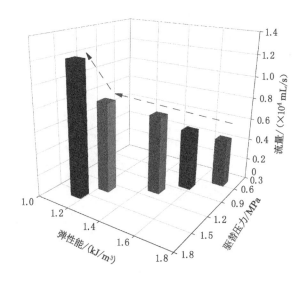

图 5-21　不同驱替压力下流量随煤基质弹性能的变化趋势

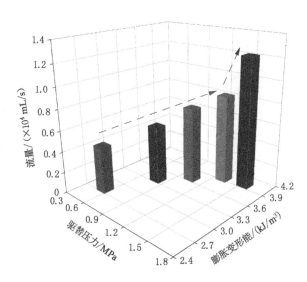

图 5-22　不同驱替压力下流量随煤基质膨胀变形能的变化趋势

5.3　煤层气排采过程中储层能量和参数间联动模式及排采建议

从前文分析中可以看出,含水饱和度的变化影响着众多参数的变化。煤基质弹性能受弹性模量和泊松比等力学参数影响,弹性模量和泊松比又受含水饱和度控制,因此煤基质弹性能的变化趋势和煤体含水饱和度密切相关。煤基质变形率和煤基质膨胀变形能密切相关,煤体含水饱和度的变化会引起煤基质变形率的变化,这使得煤基质弹性能和煤基质膨胀变形能之间具有密切关系。同时,煤体含水饱和度和煤基质变形率又受时间和驱替压力的影响,驱替压力影响流量和渗透率的变化。受这些关系影响,煤基质弹性能和煤基质膨胀变形能又受驱替压力的影响,反过来又影响着渗透率和流量的变化。此外,力学参数对渗透率也有一定的影响,力学强度高,煤基质弹性能高,煤体的抗破碎能力强,产生煤粉的概率降低,对渗透率具有一定的正效应(图5-23)。

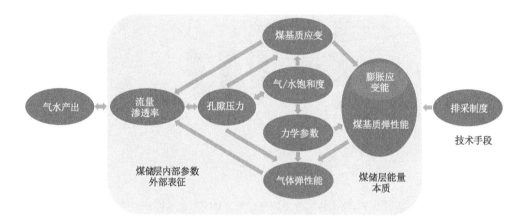

图 5-23　煤储层能量-煤储层内部参数-外部排采参数间的联动模型

　　气体弹性能主要和压力变化相关,最终能释放出来的能量与沿途损失密切相关,沿途损失主要由煤储层物性决定,煤储层物性与煤基质弹性能关系密切。虽然气体弹性能远高于煤基质弹性能,但气体弹性能最终的释放量主要受煤基质弹性能制约,与煤储层物性关系密切,这些均受到外部调控参数的影响(图5-23)。

　　煤储层能量和煤储层内部参数的变化影响着产气产水的变化,同时产气产水的变化又反作用于煤储层内部参数和煤储层能量,进而影响着排采制度的制定。

　　总之,煤层气排采过程中,排采制度是一种技术手段,控制着井底压差的变化;井底压差的变化影响着煤储层内部参数和煤储层能量的变化。其中,煤储层内部参数是表征和表象,煤储层能量是实质和核心;煤体内部参数和煤储层能量的变化影响着产气量、产水量变化,产气量、产水量变化时刻影响着压降和渗透率等煤储层内部参数。从中可以看出,在煤层气排采过程中,各参数间互相关联,密不可分,整体受井底压差的控制较为显著。

　　井底压差的调控通常通过控制产水、产气调节动液面和套压来实现,这就与煤层气井的排采制度密切相关。在煤层气排采过程中,首先是水的产出,可以先将气体作为煤储层的一部分,先考虑整个排采过程中水的产出和煤储层参数间的联系。根据产出过程及试验结果分析可知,在不考虑压裂液的影响和外部含水层与煤层沟通的情况下,初期主要是煤储层孔裂隙中的水产出,此时与井底压差关系密切,井底压差大,产水速度快,压降快;井底压差小,产水速度慢,压降慢。这个时期煤储层吸附的水尚没有大量解吸,煤基质变形率较小。此时如果井底压差较大,虽然能够加快运移通道中水的运移产出,但同时使得孔裂隙中的水来不及补充,造成地应力作用下孔裂隙快速闭合,前期降低的部分储层压力可能在地应力作用下重新恢复,不利于煤储层中流体的持续运移。因此,产水初期,井底压差不宜过大,即动液面下降速度不能太快,目的主要是使煤基质表面吸附的水能够持续充填孔裂隙,同时,煤基质收缩产生的裂缝能够及时被水充填。随着孔裂隙中水的产出,储层压力降低,吸附在煤基质表面的水才开始缓慢产出,解吸的初始阶段,煤储层中含水量较高,解吸速率也较高,排采速率可以适当加快;后期随含水量的降低解吸速率逐渐降低,排采速率需适当放慢。

气体的产出与水的产出过程类似,与之不同的是,需要先产水一段时间,然后气体开始连续产出,此时将水作为煤储层的一部分,整个过程中气的产出就和水的产出规律类似。开始是孔裂隙中气体产出,需要以较低的井底压差进行排采,随着气体的持续解吸,井底压差可以适当提高;后期气体解吸速率降低,同样需降低井底压差。

综合上述分析认为,在煤层气排采过程中,在不同排采阶段,排采制度优化需把握以下原则:在早期单相水流阶段,可认为只有水的产出,此时排出的主要是储层孔裂隙中的水,煤基质弹性能和煤基质膨胀变形能变化相对较慢,井底压差不能太高,即排采速度要慢。在中前期非饱和流阶段,虽然气体开始解吸,但尚没有形成连续气流,相当于气体产出初期,此时水已经产出一段时间;从产水角度来看,可以适当提高井底压差,但从产气的角度来看,此时井底压差不能太高,因此,此时以稳定井底压差为宜,太低不利于气、水产出,太高可能影响压降漏斗扩展。中期进入气水两相流阶段,已经形成连续气流,气、水均已解吸一段时间,此时可以适当提高井底压差,使气体弹性能和煤基质弹性能均得以提高,从而促进煤储层中气、水运移,这个阶段也是煤储层参数变化最大的阶段,需严格控制井底压差的变化。中后期单相气流阶段产水已经非常少,主要为气体的产出,此时,煤基质收缩相对较大,煤基质膨胀变形能降低,煤基质弹性能升高,压降漏斗已扩展至远处,且气体已连续解吸,此时可以再次提高井底压差,促进气体运移产出。当接近产气衰减期时,考虑后期产气量开始降低,煤储层渗透率较高,为防止煤储层孔裂隙中的流体间断,此时需要控制套压,降低井底压差,降低气体流速,使气体缓慢产出。总之,煤层气产出过程排采速率应该遵循"一稳二升三降"的原则,井底压差的控制应遵循"低—高—低"的原则。即水单相流阶段和非饱和流阶段,井底压差要低,并保持稳定;气水两相流阶段和气单相流阶段,气、水快速解吸时,井底压差可适当提高,但需严格控制;气单相流后期,接近产气衰减期时,井底压差要降低。

下面结合老厂雨汪区块正在生产的 5 口煤层气井(L1~L5)排采前期产水阶段进行分析。5 口煤层气井的排采情况见表 5-4。相对高产的两口煤层气井,无论是产水高峰,还是开始产气时间、产气高峰和产气降低点,均十分相似(图 5-24);相对低产的 3 口煤层气井,其产水和产气情况均相差较大,规律性不明显(图 5-25)。

表 5-4　煤层气井排采情况

井号	排采层数	产气前				产气天数/d	产气量	
		排采天数/d	井底压差降幅/MPa	累计产水/m³	液面降幅/m		最高/(m³/d)	累计/m³
L1	3	129	4.49	229	458	171	809	78 756
L2	2	124	5.18	182	529	168	121	12 994
L3	4	125	4.85	295	495	174	692	82 182
L4	3	112	5.31	231	542	222	402	37 088
L5	2	132	5.16	197	526	210	336	29 296

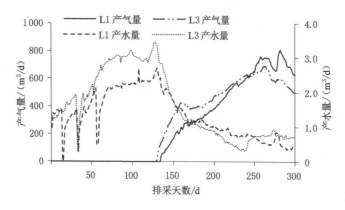

图 5-24　高产井产气产水情况

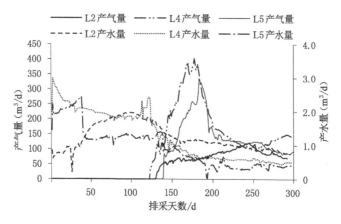

图 5-25　低产井产气产水情况

雨汪区块的 5 口煤层气井排采时间均不足一年,开始产气时间较短,结合前文分析,前期产水阶段对煤层气产出具有重要作用,本书重点分析这 5 口井见套压前井底流压和产水量、产气量之间的关系。由于研究区多煤层发育,排采时为多煤层合采,总产水量受排采层数的影响较大,因此本书分析过程中采用单层平均产水量。

图 5-26 和图 5-27 分别为见套压前井底流压的日平均降速和单层平均日产水量与最高日产气量和日均产气量的关系。由此可以看出,随井底流压日平均降速的增大和单层平均日产水量的增加,最高产气量和日均产气量均整体呈降低趋势。井底流压降速增大,直接结果就是增大了井底压差,促进煤储层孔裂隙中水的快速产出,此时,煤储层尚处于饱和状态,煤基质弹性能和煤基质膨胀变形能均变化较小,煤储层渗透率对地应力非常敏感,当煤储层中吸附水来不及解吸补充进孔裂隙时,这就会对煤储层渗透率造成严重损伤。同理,在同一区域,地质条件相差不大的情况下,单层平均日产水量大,就可能超出煤储层每天向井筒的供液能力,间接导致井底压力降低,井底压差增大,从而导致煤储层渗透率损伤。

L1 井和 L3 井井底流压日平均降速和单层日均产水量均相对较低,两口井的最高产气量和日均产气量均相对最高。根据以上分析可知,针对研究区的煤层气井,在早期单相水流阶段,当井底流压日平均降速低于 0.035 MPa/d,单层平均日产水量低于

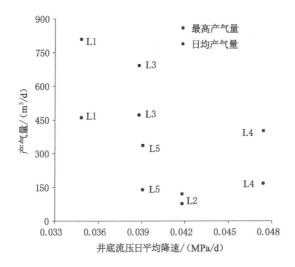

图 5-26 产气量与井底流压日平均降速的关系

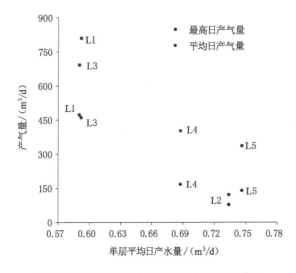

图 5-27 产气量与单层平均日产水量的关系

0.59 m³/d 时,煤层气井后期产气量可能较好。鉴于目前其他 3 口煤层气井的产气情况并不理想,说明其井底压差仍然较大,应该进一步优化排采制度,将井底流压日平均降速和单层平均日产水量降低至 0.035 MPa/d 和 0.59 m³/d 以下。

在单相水流阶段,煤储层接近水饱和状态,主要是孔裂隙中水的产出,煤储层含水饱和度大概在 90% 以上。根据煤基质膨胀变形能与含水饱和度的关系推测,当含水饱和度在 90% 以上时,煤基质膨胀变形能变化非常小,排采过程中,煤基质基本不产生收缩变形,此时对应力非常敏感。

煤层气井排采最终影响范围一般为椭圆形,以 L3 井为例,若希望后期产气量较高,则前期压降漏斗需扩展出较远的距离,根据该井压裂排采情况,单相水流阶段其排采影响范围在长轴方向需扩展约 155 m,短轴方向需扩展约 72 m;依据该井实测数据,排采的 4 层煤总厚为 8.3 m,储层孔隙度约为 5.5%;根据前文煤基质膨胀变形能与含水饱和度之间的关系,可设水单向流阶段产水量为储层总含水量的 10%,那么单相水流阶段排采影响范围内应产水量为 399.9 m³。根据排采实际情况,为使煤层气解吸,井底压力需降低的幅度为 4.85 MPa,动液面需降低 495 m。根据煤层气井排采管柱可知,在不考虑地层供液的情况下,动液面每降低 1 m,需从井筒中排水 0.011 1 m³,动液面下降 495 m 对应的井筒产水量为 5.5 m³。据此计算,井底压力降低 4.85 MPa,共需排水 405.4 m³。当地层平均供液量为 2 m³/d 时,单相水流阶段排采天数为 200 d;那么,单层日均产水量为 0.51 m³/d,井底压力平均降幅为 0.024 MPa/d,该值随影响范围的增大而降低,随影响范围的减小而增大。与实际排采制度相比,两口高产气井的单层日均产水量和井底压力平均降幅均与计算值较为接近,说明其单相水流阶段,压降漏斗已扩展至较远的距离,这是后期产量相对较高的重要原因之一。

5.4 小 结

本章探讨了前人煤储层能量模型的适应性,构建了适用于煤层气排采过程中的气体弹性能和煤基质弹性能数学模型;分别以氮气驱替和水驱替过程为例,揭示了煤层气排采过程中气体弹性能和煤基质弹性能的变化规律,建立了煤储层能量-煤储层内部参数-排采调控参数间的联动模式。

① 探讨了前人不同气体弹性能计算方法的理论依据,建立了适合于煤层气排采过程的气体弹性能数学模型,量化计算了气体驱替过程中的游离态气体弹性能、吸附态气体弹性能和总气体弹性能。结果表明,吸附态气体弹性能远高于游离态气体弹性能,实际分析中,可以忽略游离态气体弹性能的影响。气体弹性能随驱替压力的增大呈线性增大趋势,随煤基质变形率增大的增加速率变缓。这主要是因为驱替压力起主导作用,同时,煤基质变形率增大具有阻碍气体运移的作用(增大了气体的运移阻力),使气体弹性能随煤基质变形率的增加逐渐变缓。气体流量随气体弹性能的增大呈幂指数增大趋势,渗透率随气体弹性能的增大呈指数增大趋势,说明气体弹性能的释放加速了气体在孔裂隙中的运移,这也是气体驱替过程中,随驱替压力增加,气体渗透率增大的原因之一。

② 依据能量守恒原理,结合排采过程中煤体的受力情况,构建了驱替过程中煤基质弹性能转化数学模型;探讨了弹性模量和泊松比这两个关键参数不同求取方法的可行性,通过不同含水饱和度样品的三轴试验,最终获得了排采过程中弹性模量和泊松比随含水饱和度的变化规律;计算分析了煤层气排采过程中煤基质弹性能和煤基质膨胀变形能随时间、含水饱和度、煤基质变形率和驱替压力的变化规律,探讨了两者与流量和渗透率的变化关系;揭示了排采过程中煤基质弹性能和煤基质膨胀变形能与各参数间的联动关系,阐明了两者动态演化机理,指出了驱替压力(井底压差)对煤储层内部参数及煤基质弹性能的显著影响作用。

③ 建立了煤层气排采过程中煤储层能量-煤储层内部参数-排采调控参数间的联动模式,提出了煤层气不同排采阶段应遵循的原则,并结合研究区煤层气井实际生产情况,初步提出了排采制度优化建议。

参 考 文 献

[1] BERGEN F V,2009. Strain development in unconfined coals exposed to CO_2,CH_4 and Ar:effect of moisture[J]. International journal of coal geology,77(1/2):43-53.

[2] BOROUMAND N,EATON D W, 2015. Energy-based hydraulic fracture numerical simulation: parameter selection and model validation using microseismicity [J]. Geophysics,80(5):W33-W44.

[3] BRIGGS H,SINHA R P,1934. Expansion and contraction of coal caused respectively by the sorption and discharge of gas[J]. Proceedings of the royal society of edinburgh, 53:48-53.

[4] CHEN M Y,CHENG Y P,LI H R,et al. ,2018. Impact of inherent moisture on the methane adsorption characteristics of coals with various degrees of metamorphism[J]. Journal of natural gas science and engineering,55:312-320.

[5] CHEN XJ,CHENG Y P, 2015. Influence of the injected water on gas outburst disasters in coal mine[J]. Natural hazards,76(2):1093-1109.

[6] CHEN Y,LIU D,YAO Y,et al. ,2015. Dynamic permeability change during coalbed methane production and its controlling factors[J]. Journal of natural gas science and engineering,25:335-346.

[7] CHEN Y X,XU J,CHU T X,et al. ,2017. The evolution of parameters during CBM drainage in different regions[J]. Transport inporous media,120(1):83-100.

[8] CHEN S,TANG D,TAO S,et al. ,2018. In-situ stress,stress-dependent permeability, pore pressure and gas-bearing system in multiple coal seams in the Panguan area, western Guizhou, China [J]. Journal of natural gas science and engineering, 49: 110-122.

[9] CONNELL L D,2016. A new interpretation of the response of coal permeability to changes in pore pressure,stress and matrix shrinkage[J]. International journal of coal geology,162:169-182.

[10] CONNELL L D,LU M,PAN Z,2010. An analytical coal permeability model for tri-axial strain and stress conditions[J]. International journal of coal geology,84(2):103-114.

[11] CUI XJ,BUSTIN R M,CHIKATAMARLA L,2007. Adsorption-induced coal swelling and stress:implications for methane production and acid gas sequestration into coal seams[J]. Journal of geophysical research,112(B10):B10202.

[12] DAY S,FRY R,SAKUROVS R,et al. ,2010. Swelling of coals by supercritical gases and its relationship to sorption[J]. Energy & Fuels,24(4):2777-2783.

［13］DURUCAN S,AHSANB M,SHIA J,2009. Matrix shrinkage and swelling characteristics of European coals［J］. Energy procedia,1(1):3055-3062.

［14］FAN K,LI Y,ELSWORTH D,et al. ,2018. Three stages of methane adsorption capacity affected by moisture content［J］. Fuel,231:352-360.

［15］FRY R,DAY S,SAKUROVS R,2009. Moisture-induced swelling of coal［J］. International journal of coal preparation and utilization,29(6):298-316.

［16］GOLSHANI A,TRAN-CONG T,2009. Energy analysis of hydraulic fracturing［J］. KSCE journal of civil engineering,13(4):219-224.

［17］GRAY I,1987. Reservoir engineering in coal seams:part 1:the physical process of gas storage and movement in coal seams［J］. SPE reservoir engineering,2(1):28-34.

［18］GU H,TAO M,LI X,et al. ,2019. The effects of water content and external incident energy on coal dynamic behaviour［J］. International journal of rock mechanics and mining sciences,123:104088.

［19］GUAN C,LIU S,LI C,et al. ,2018. The temperature effect on the methane and CO_2 adsorption capacities of Illinois coal［J］. Fuel,211:241-250.

［20］GUO PK,CHENG Y P,JIN K,et al. ,2014. Impact of effective stress and matrix deformation on the coal fracture permeability［J］. Transport in porous media,103(1):99-115.

［21］IIARPALANI S,SCHRAUFNAGEL R A,1990. Shrinkage of coal matrix with release of gas and its impact on permeability of coal［J］. Fuel,69(5):551-556.

［22］HOBBS D W,1960. The strength and stress-strain characteristics of Oakdale coal under triaxial compression［J］. Geological magazine,97(5):422-435.

［23］JIN K,CHENG Y,REN T,et al. ,2018. Experimental investigation on the formation and transport mechanism of outburst coal-gas flow:implications for the role of gas desorption in the development stage of outburst［J］. International journal of coal geology,194:45-58.

［24］KANG J,ELSWORTH D,FU X,et al. ,2022. Influence of water on elastic deformation of coal and its control on permeability in coalbed methane production［J］. Journal of petroleum science and engineering,208:109603.

［25］LAUBACH S E,MARRETT R A,OLSON J E,et al. Characteristics and origins of coal cleat:a review［J］. International journal of coal geology,1998,35(1/2/3/4):175-207.

［26］LEVINE JR,1996. Model study of the influence of matrix shrinkage on absolute permeability of coal bed reservoirs［J］. Geological Society, London, Special Publications,109(1):197-212.

［27］LI R,WANG S,CHAO W,et al. ,2016. Analysis of the transfer modes and dynamic characteristics of reservoir pressure during coalbed methane production［J］. International journal of rock mechanics and mining sciences,87:129-138.

［28］LI X,FU X,RANJITH P G,et al. ,2019. Stress sensitivity of medium- and high volatile bituminous coal: An experimental study based on nuclear magnetic resonance and permeability-porosity tests[J]. Journal of petroleum science and engineering, 172:889-910.

[29] LI Q,XIE G,ZOU P,2020a. Energy source and energy dissipation mechanism of coal and gas outburst based on microscope[J]. Acta microscopica,29(4):1900-1910.

[30] LI J H,LI B B,PAN Z J,et al. ,2020b. Coal permeability evolution under different water-bearing conditions[J]. Natural resources research,29(4):2451-2465.

[31] LIU SM, HARPALANI S, 2014. Evaluation of in situ stress changes with gas depletion of coalbed methane reservoirs[J]. Journal of geophysical research: solid earth,119(8):6263-6276.

[32] LIU X L,WANG X,WANG E,et al. ,2017a. Effects of gas pressure on bursting liability of coal under uniaxial conditions[J]. Journal of natural gas science and engineering,39:90-100.

[33] LIU X L,WU C F,2017b. Simulation of dynamic changes of methane state based on NMR during coalbed methane output[J]. Fuel,194:188-194.

[34] LIU X L,WU C F,ZHAO K,2017c. Feasibility and applicability analysis of CO_2-ECBM technology based on CO_2-H_2O-coal interactions[J]. Energy & fuels,31(9):9268-9274.

[35] LIU J,FOKKER P A,PEACH C J,et al. ,2018. Applied stress reduces swelling of coal induced by adsorption of water[J]. Geomechanics for energy and the environment, 16:45-63.

[36] LIU X L,WU C F,WEI G,et al. ,2020. Adsorption deformation characteristics of coal and coupling with permeability during gas injection[J]. Journal of petroleum science and engineering,195:107875.

[37] LIU D, YAO Y, YUAN X, et al. , 2022. Experimental evaluation of the dynamic water-blocking effect in coalbed methane reservoir[J]. Journal of petroleum science and engineering,217:110887.

[38] LU Y Y, ZHANG H D, ZHOU Z, et al. , 2021. Current status and effective suggestions for efficient exploitation of coalbed methane in China: a review[J]. Energy & fuels,35(11):9102-9123.

[39] MA ZQ,LIANG X C,FU G S,et al. ,2021. Experimental and numerical investigation of energy dissipation of roadways with thick soft roofs in underground coal mines [J]. Energy science & engineering,9(3):434-446.

[40] MAJEWSKA Z, ZI? TEK J,2007. Changes of acoustic emission and strain in hard coal during gas sorption-desorption cycles[J]. International journal of coal geology, 70(4):305-312.

[41] MAZUMDER S, WOLF K H,2008. Differential swelling and permeability change of coal in response to CO2 injection for ECBM[J]. International journal of coal geology, 74(2):123-138.

[42] MENG J, NIE B, ZHAO B, et al., 2015. Study on law of raw coal seepage during loading process at different gas pressures[J]. International journal of mining science and technology, 25(1):31-35.

[43] MENG Y, LI Z, 2018. Experimental comparisons of gas adsorption, sorption induced strain, diffusivity and permeability for low and high rank coals[J]. Fuel, 234:914-923.

[44] MENG ZP, LEI J H, ZHANG K, et al., 2022. Experimental study on producing pressure difference and flow rate sensitivity in a coalbed methane production well[J]. Energy & fuels, 36(1):170-180.

[45] MIAO Y, LI X L, ZHOU Y, et al., 2018. A dynamic predictive permeability model in coal reservoirs: effects of shrinkage behavior caused by water desorption[J]. Journal of petroleum science and engineering, 168:533-541.

[46] MOFFAT D H, WEALE K E, 1955. Sorption by coal of methane at high pressure[J]. Fuel, 34:449-462.

[47] OTTIGER S, PINI R, STORTI G, et al., 2008. Competitive adsorption equilibria of CO_2 and CH_4 on a dry coal[J]. Adsorption, 14(4):539-556.

[48] PAN Z J, 2012a. Modeling of coal swelling induced by water vapor adsorption[J]. Frontiers of chemical science and engineering, 6(1):94-103.

[49] PAN J, HOU Q, JU Y, et al., 2012b. Coalbed methane sorption related to coal deformation structures at different temperatures and pressures[J]. Fuel, 102:760-765.

[50] PAN Z, CONNELL L D, 2007. A theoretical model for gas adsorption-induced coal swelling[J]. International journal of coal geology, 69(4):243-252.

[51] PAN B, YU W J, SHEN W B, 2021. Experimental study on energy evolution and failure characteristics of rock-coal-rock combination with different height ratios[J]. Geotechnical and geological engineering, 39(1):425-435.

[52] PENG S J, XU J, YANG H W, et al., 2012. Experimental study on the influence mechanism of gas seepage on coal and gas outburst disaster[J]. Safety science, 50(4):816-821.

[53] PERERA M S A, RANJITH P G, CHOI S K, et al., 2012. Estimation of gas adsorption capacity in coal: a review and an analytical study[J]. International journal of coal preparation and utilization, 32(1):25-55.

[54] PERERA M S A, RANJITH P G, PETER M, 2011. Effects of saturation medium and pressure on strength parameters of Latrobe Valley brown coal: carbon dioxide, water and nitrogen saturations[J]. Energy, 36(12):6941-6947.

[55] RANATHUNGA A S, PERERA M S A, RANJITH P G, 2016. Influence of CO_2 adsorption on the strength and elastic modulus of low rank Australian coal under confining pressure[J]. International journal of coal geology, 167:148-156.

[56] SHI J Q, DURUCAN S, 2005. A model for changes in coalbed permeability during primary and enhanced methane recovery[J]. SPE reservoir evaluation & engineering, 8(4):291-299.

[57] SHI J,WANG S,WANG K,et al. ,2019. An accurate method for permeability evaluation of undersaturated coalbed methane reservoirs using early dewatering data[J]. International journal of coal geology,202:147-160.

[58] SI L L, ZHANG H, WEI J, et al. , 2021. Modeling and experiment for effective diffusion coefficient of gas in water-saturated coal[J]. Fuel,284:118887.

[59] TALAPATRA A, KARIM M M, 2020. The influence of moisture content on coal deformation and coal permeability during coalbed methane (CBM) production in wet reservoirs[J]. Journal of petroleum exploration and production technology,10(5): 1907-1920.

[60] TAN Y,PAN Z,LIU J,et al. ,2018. Experimental study of impact of anisotropy and heterogeneity on gas flow in coal. Part II:Permeability[J]. Fuel,230:397-409.

[61] TANG DZ, DENG C M, MENG Y J, et al. , 2015. Characteristics and control mechanisms of coalbed permeability change in various gas production stages[J]. Petroleum science,12(4):684-691.

[62] THARAROOP P, KARPYN Z T, ERTEKIN T, 2015. Development of a material balance equation for coalbed methane reservoirs accounting for the presence of water in the coal matrix and coal shrinkage and swelling[J]. Journal of unconventional oil and gas resources,9:153-162.

[63] VISHAL V,RANJITH P G,SINGH T N,2015. An experimental investigation on behaviour of coal under fluid saturation, using acoustic emission [J]. Journal of natural gas science and engineering,22:428-436.

[64] WANG S,ELSWORTH D,LIU J,2011. Permeability evolution in fractured coal:the roles of fracture geometry and water-content [J]. International journal of coal geology,87(1):13-25.

[65] WANG S, LI HM, WANG W, et al. , 2018a. Experimental study on mechanical behavior and energy dissipation of anthracite coal in natural and forced water-saturation states under triaxial loading[J]. Arabian journal of geosciences,11(21):668.

[66] WANG L L,VANDAMME M,PEREIRA J M,et al. ,2018b. Permeability changes in coal seams:the role of anisotropy[J]. International journal of coal geology, 199: 52-64.

[67] WANG C,YANG S,YANG D,et al. ,2018c. Experimental analysis of the intensity and evolution of coal and gas outbursts[J]. Fuel,226:252-262.

[68] WANG Z G,LI H M,WANG S,et al. ,2021a. Effect of gas on burst proneness and energy dissipation of loaded coal:an experimental study using a novel gas-solid coupling loading apparatus[J]. Shock and vibration,2021:1-21.

[69] WANG Z,FU X,HAO M,et al. ,2021b. Experimental insights into the adsorption-desorption of CH_4/N_2 and induced strain for medium-rank coals [J]. Journal of petroleum science and engineering,204:108705.

[70] WEI M,LIU C,LIU Y,et al. ,2022. Long-term effect of desorption-induced matrix

shrinkage on the evolution of coal permeability during coalbed methane production [J]. Journal of petroleum science and engineering,208:109378.

[71] WU CF,QIN Y,FU X H,2007. Stratum energy of coal-bed gas reservoir and their control on the coal-bed gas reservoir formation[J]. Science in china series d: earth sciences,50(9):1319-1326.

[72] WU CF,QIN Y,ZHOU L G,2014. Effective migration system of coalbed methane reservoirs in the southern Qinshui Basin[J]. Science China earth sciences,57(12): 2978-2984.

[73] XIAO Z G,WANG Z,2011. Experimental study on inhibitory effect of gas desorption by injecting water into coal-sample[J]. Procedia engineering,26:1287-1295.

[74] XU B X,LI X L,REN W,et al. ,2017. Dewatering rate optimization for coal-bed methane well based on the characteristics of pressure propagation[J]. Fuel,188: 11-18.

[75] XU SP,HU E F,LI X C,et al. ,2021. Quantitative analysis of pore structure and its impact on methane adsorption capacity of coal[J]. Natural resources research,30(1): 605-620.

[76] XUE Y,RANJITH P G,GAO F,et al. ,2017. Mechanical behaviour and permeability evolution of gas-containing coal from unloading confining pressure tests[J]. Journal of natural gas science and engineering,40:336-346.

[77] ZHANG C,BAI QS,CHEN Y H,2020. Using stress path-dependent permeability law to evaluate permeability enhancement and coalbed methane flow in protected coal seam: a case study [J]. Geomechanics and geophysics for geo-energy and geo-resources,6(3):53.

[78] ZHANG Y H,LEBEDEV M,AL-YASERI A,et al. ,2018. Nanoscale rock mechanical property changes in heterogeneous coal after water adsorption[J]. Fuel,218:23-32.

[79] ZHANG X G, RANJITH P G, RANATHUNGA A S, et al. , 2019. Variation of mechanical properties of bituminous coal under CO_2 and H_2O saturation[J]. Journal of natural gas science and engineering,61:158-168.

[80] ZHAO J,TANG D,LIN W,et al. ,2019. In-situ stress distribution and its influence on the coal reservoir permeability in the Hancheng area,eastern margin of the Ordos Basin,China[J]. Journal of natural gas science and engineering,61:119-132.

[81] ZHAO S,SHAO LY,HOU H H,et al. ,2019. Methane adsorption characteristics and its influencing factors of the medium-to-high rank coals in the Anyang-Hebi Coalfield,Northern China[J]. Energy exploration & exploitation,37(1):60-82.

[82] ZHI S, ELSWORTH D, 2016. The role of gas desorption on gas outbursts in underground mining of coal[J]. Geomechanics and geophysics for geo-energy and geo-resources,2(3):151-171.

[83] ZHOUH W,WANG X Y,ZHANG L,et al. ,2020. Permeability evolution of deep coal samples subjected to energy-based damage variable[J]. Journal of natural gas

science and engineering,73:103070.

[84] ZHU C,LIU S,CHEN X,et al.,2021. High-pressure water and gas alternating sequestration technology for low permeability coal seams with high adsorption capacity[J]. Journal of natural gas science and engineering,96:104262.

[85] ZOU M J,WEI C T,FU X H,et al.,2013. Investigating reservoir pressure transmission for three types of coalbed methane reservoirs in the Qinshui Basin in Shan'xi Province,China[J]. Petroleum geoscience,19(4):375-383.

[86] ZOU MJ,WEI C T,ZHANG M,et al.,2014. A mathematical approach investigating the production of effective water during coalbed methane well drainage[J]. Arabian journal of geosciences,7(5):1683-1692.

[87] ZOU MJ,WEI C T,ZHANG M,et al.,2018. Quantification of gas and water transfer between coal matrix and cleat network during drainage process[J]. Journal of energy resources technology,140(3):032905.

[88] 曹明亮,康永尚,秦绍锋,等,2021.不同阶煤岩基质收缩效应单因素物理模拟实验研究[J].煤炭学报,46(增1):364-376.

[89] 曾泉树,汪志明,2020.鄂尔多斯盆地东缘煤岩渗透率的应力和温度敏感特征[J].石油科学通报,5(4):512-519.

[90] 巢志明,王环玲,徐卫亚,等,2017.不同含水饱和度低渗透岩石气体滑脱效应研究[J].岩土工程学报,39(12):2287-2295.

[91] 陈结,潘孝康,姜德义,等,2018.三轴应力下软煤和硬煤对不同气体的吸附变形特性[J].煤炭学报,43(增1):149-157.

[92] 陈世达,汤达祯,高丽军,等,2017.有效应力对高煤级煤储层渗透率的控制作用[J].煤田地质与勘探,45(4):76-80.

[93] 陈宇龙,张宇宁,唐建新,等,2018.煤岩层理效应对甲烷吸附-解吸及渗流规律影响的实验研究[J].采矿与安全工程学报,35(4):859-868.

[94] 傅雪海,秦勇,姜波,等,2002.多相介质煤岩体力学实验研究[J].高校地质学报,8(4):446-452.

[95] 傅雪海,秦勇,韦重韬,2007.煤层气地质学[M].徐州:中国矿业大学出版社.

[96] 霍多特,1966.煤与瓦斯突出[M].宋士钊,译.北京:中国工业出版社.

[97] 贾慧敏,胡秋嘉,樊彬,等,2021.沁水盆地郑庄区块北部煤层气直井低产原因及高效开发技术[J].煤田地质与勘探,49(2):34-42.

[98] 康向涛,黄滚,宋真龙,等,2015.三轴压缩下含瓦斯煤的能耗与渗流特性研究[J].岩土力学,36(3):762-768.

[99] 康永尚,孙良忠,张兵,等.中国煤储层渗透率主控因素和煤层气开发对策[J].地质论评,2017,63(5):1401-1418.

[100] 康志勤,李翔,李伟,等,2018.煤体结构与甲烷吸附/解吸规律相关性实验研究及启示[J].煤炭学报,43(5):1400-1407.

[101] 李瑞,卢义玉,葛兆龙,等,2022.地面井卸压的煤层气开发新模式[J].天然气工业,42(7):75-84.

[102] 李尧斌,2013.瓦斯含量法预测煤与瓦斯突出试验研究[D].淮南:安徽理工大学.

[103] 李勇,王延斌,倪小明,等,2020.煤层气低效井成因判识及治理体系构建研究[J].煤炭科学技术,48(2):185-193.

[104] 李志刚,孙博,2017.高压注水抑制高瓦斯掘进工作面瓦斯涌出技术研究[J].煤,26(4):29-31.

[105] 林柏泉,周世宁,1986.含瓦斯煤体变形规律的实验研究[J].中国矿业学院学报,15(3):12-19.

[106] 刘大锰,贾奇锋,蔡益栋,2022.中国煤层气储层地质与表征技术研究进展[J].煤炭科学技术,50(1):196-203.

[107] 刘亮亮,李国庆,李国富,等,2022.寺河井田采空区下伏煤层应力特征及其对煤层气开发的影响[J].煤炭学报,47(4):1608-1619.

[108] 刘明举,颜爱华,2001.煤与瓦斯突出的热动力过程分析[J].焦作工学院学报(自然科学版),20(1):1-7.

[109] 刘顺喜,樊坤雨,金毅,等,2022.深部煤储层应力敏感性特征及其对煤层气产能的影响[J].煤田地质与勘探,50(6):56-64.

[110] 刘延保,曹树刚,李勇,等,2010.煤体吸附瓦斯膨胀变形效应的试验研究[J].岩石力学与工程学报,29(12):2484-2491.

[111] 罗瑞兰,程林松,朱华银,等,2007.研究低渗气藏气体滑脱效应需注意的问题[J].天然气工业,27(4):92-94.

[112] 吕玉民,柳迎红,汤达祯,等,2016.欠饱和煤储层渗透率动态变化模型及实例分析[J].现代地质,30(4):914-921.

[113] 马振乾,姜耀东,李彦伟,等,2016.加载速率和围压对煤能量演化影响试验研究[J].岩土工程学报,38(11):2114-2121.

[114] 孟召平,侯泉林,2012.煤储层应力敏感性及影响因素的试验分析[J].煤炭学报,37(3):430-437.

[115] 倪小明,苏现波,张小东,2010.煤层气开发地质学[M].北京:化学工业出版社.

[116] 裴柏林,郝杰,张遂安,等,2017.煤基质膨胀收缩对储层渗透率影响的新数学模型[J].煤田地质与勘探,45(1):51-55.

[117] 彭守建,许江,陶云奇,等,2009.煤样渗透率对有效应力敏感性实验分析[J].重庆大学学报,32(3):303-307.

[118] 彭守建,许江,尹光志,等,2012.基质收缩效应对含瓦斯煤渗流影响的实验分析[J].重庆大学学报,35(5):109-114.

[119] 彭守建,贾立,许江,等,2020.叠置煤层气系统合采渗透率动态演化特征及其影响因素[J].煤炭学报,45(10):3501-3511.

[120] 孙钦平,赵群,姜馨淳,等,2021.新形势下中国煤层气勘探开发前景与对策思考[J].煤炭学报,46(1):65-76.

[121] 汤达祯,赵俊龙,许浩,等,2016.中—高煤阶煤层气系统物质能量动态平衡机制[J].煤炭学报,41(1):40-48.

[122] 王博,2018.老厂雨旺区块煤储层特征及水力压裂优化设计[D].徐州:中国矿业

大学.

[123] 王刚,程卫民,谢军,等,2011.瓦斯含量在突出过程中的作用分析[J].煤炭学报,36
(3):429-434.

[124] 王刚,武猛猛,王海洋,等,2015.基于能量平衡模型的煤与瓦斯突出影响因素的灵敏
度分析[J].岩石力学与工程学报,34(2):238-248.

[125] 王汉鹏,张冰,袁亮,等,2017.吸附瓦斯含量对煤与瓦斯突出的影响与能量分析[J].
岩石力学与工程学报,36(10):2449-2456.

[126] 王肖,2017.滇东老厂矿区煤层气地质特征及甜点区段优选[D].徐州:中国矿业
大学.

[127] 吴财芳,2004.煤层气成藏能量动态平衡及其地质选择过程[D].徐州:中国矿业
大学.

[128] 吴财芳,秦勇,傅雪海,等,2005.煤基块弹性能及其与地质控制因素之间的关系[J].
中国矿业大学学报,34(5):636-639.

[129] 吴财芳,秦勇,傅雪海,等,2007.沁水盆地煤储层地层能量演化历史研究[J].天然气
地球科学,18(4):557-560.

[130] 吴财芳,秦勇,2012.煤储层弹性能及其控藏效应:以沁水盆地为例[J].地学前缘,19
(2):248-255.

[131] 鲜学福,许江,王宏图,2001.煤与瓦斯突出潜在危险区(带)预测[J].中国工程科学,3
(2):39-46.

[132] 鲜学福,辜敏,李晓红,等,2009.煤与瓦斯突出的激发和发生条件[J].岩土力学,30
(3):577-581.

[133] 肖福坤,刘刚,申志亮,等,2016.循环载荷作用下煤样能量转化规律和声发射变化特
征[J].岩石力学与工程学报,35(10):1954-1964.

[134] 肖晓春,潘一山,于丽艳,2010.水饱和度作用下低渗透气藏滑脱效应实验研究[J].水
资源与水工程学报,21(5):15-19.

[135] 肖宇航,朱庆忠,杨延辉,等,2021.煤储层能量及其对煤层气开发的影响:以郑庄区块
为例[J].煤炭学报,46(10):3286-3297.

[136] 谢雄刚,冯涛,王永,等,2010.煤与瓦斯突出过程中能量动态平衡[J].煤炭学报,35
(7):1120-1124.

[137] 熊阳涛,2015.煤与瓦斯突出能量耗散机理理论与实验研究[D].重庆:重庆大学.

[138] 徐凤银,闫霞,林振盘,等,2022.我国煤层气高效开发关键技术研究进展与发展方向
[J].煤田地质与勘探,50(3):1-14.

[139] 许江,曹偈,李波波,等,2013.煤岩渗透率对孔隙压力变化响应规律的试验研究[J].
岩石力学与工程学报,32(2):225-230.

[140] 严继民,张启元,1986.吸附与凝聚:固体的表面与孔[M].2版.北京:科学出版社.

[141] 尹光志,黄启翔,张东明,等,2010.地应力场中含瓦斯煤岩变形破坏过程中瓦斯渗透
特性的试验研究[J].岩石力学与工程学报,29(2):336-343.

[142] 于宝海,王德明,2013.煤层释放瓦斯膨胀能研究[J].采矿与安全工程学报,30(5):
773-777.

［143］张崇崇,王延斌,倪小明,等,2015.煤层气直井排采过程中渗透率变化规律研究[J].中国矿业大学学报,44(3):520-525.

［144］张辉,程利兴,李国盛,2016.基于巴西劈裂法的饱水煤样能量耗散特征研究[J].实验力学,31(4):534-542.

［145］张民波,朱红青,岑曼卿,等,2017.加卸载下含水率对含瓦斯煤岩损伤变形的影响分析[J].中国安全生产科学技术,13(5):90-95.

［146］张先敏,同登科,2008.考虑基质收缩影响的煤层气流动模型及应用[J].中国科学(E辑:技术科学),38(5):790-796.

［147］张小东,王利丽,张子戈,2009.山西古交矿区马兰煤矿肥煤注水后煤体吸附膨胀行为[J].煤炭学报,34(10):1310-1315.

［148］章星,杨胜来,章玲,等,2012.低渗透气藏克氏渗透率影响因素室内实验研究[J].油气地质与采收率,19(2):84-86.

［149］赵东,冯增朝,赵阳升,2011.高压注水对煤体瓦斯解吸特性影响的试验研究[J].岩石力学与工程学报,30(3):547-555.

［150］赵毅鑫,龚爽,黄亚琼,2015.冲击载荷下煤样动态拉伸劈裂能量耗散特征实验[J].煤炭学报,40(10):2320-2326.

［151］赵忠虎,谢和平,2008.岩石变形破坏过程中的能量传递和耗散研究[J].四川大学学报(工程科学版),40(2):26-31.

［152］周军平,鲜学福,姜永东,等,2011.基于热力学方法的煤岩吸附变形模型[J].煤炭学报,36(3):468-472.

［153］周世宁,林柏泉,1999.煤层瓦斯赋存与流动理论[M].北京:煤炭工业出版社.

［154］朱连山,1985.关于煤层中的瓦斯膨胀能[J].煤矿安全,16(2):47-50.

［155］朱庆忠,杨延辉,左银卿,等,2020.对于高煤阶煤层气资源科学开发的思考[J].天然气工业,40(1):55-60.

［156］朱苏阳,杜志敏,李传亮,等,2017.煤层气吸附-解吸规律研究进展[J].西南石油大学学报(自然科学版),39(4):104-112.

［157］邹才能,杨智,黄士鹏,等,2019.煤系天然气的资源类型、形成分布与发展前景[J].石油勘探与开发,46(3):433-442.